JPC
HK

唐翔千傳

蔣小馨、唐曄——合著

目錄

唐翔千生活及創業經歷摘要

年份	主要事件
一八六〇	唐翔千的太曾祖父唐懋勛（一八〇〇—一八七三）因避戰亂携家人遷至無錫古鎮嚴家橋。在當地開辦春源布莊，置業興家。
一九一六	唐懋勛之孫、亦即唐翔千的祖父唐驤廷（一八八〇—一九六〇）與好友程敬堂在無錫集資接盤一家布廠，將其擴建後改名為「麗華織布廠」。
一九二二	唐驤廷創辦麗新紡織印染廠。後交由二兒子、亦即唐翔千的父親唐君遠（一九〇一—一九九二）接掌。
一九二三	唐君遠長子唐翔千於江蘇無錫出生。
一九三四	唐君遠在無錫開辦協新毛紡織廠，皇牌產品為「不蛀呢絨」。
一九三七	抗日戰爭爆發，日軍佔領無錫，麗華廠、麗新廠及協新廠被日軍佔作軍營而停產。抗戰期間唐翔千在上海入讀大同中學繼續學業。

一九四五	日本投降。 唐翔千於上海大同大學畢業（會計專業）。畢業後於上海中國企業銀行任實習生。
一九四七—一九五〇	唐翔千負笈海外，就讀於英國曼徹斯特大學（修讀紡織專業）、美國伊利諾伊州大學（獲經濟學碩士）。
一九五〇—一九五三	回國後於上海中國實業銀行任職，被派往香港分行負責外匯業務。
一九五一	十一月十一日，與尤淑圻女士於香港共結連理。
一九五二	長子唐英年出生。
一九五三	離開銀行界，邁出創業第一步。與友人周子軒等合夥租賃並建立「香港五洲布廠」，任董事、經理。
一九五五	與友人合夥購進「香港華僑紗廠」，任董事、經理。紗廠於一九五七年拓展為「香港華僑紡織品有限公司」。 第二子唐聖年出生。

一九五九 與周文軒、周忠繼兄弟合資創辦「香港中南紗廠」，任董事長、總經理。

一九六〇 女兒唐英敏出生。

一九六二 幼子唐慶年出生。

一九六七 應堂兄弟唐鶴千、唐乘千之邀共同在台灣台北市創辦「協星針織廠」。

一九六九 與安子介、周文軒、周忠繼等人聯合各自旗下的紡織、成衣企業公司，組成香港最大的紡織集團「香港南聯實業有限公司」，並於同年在香港上市。

唐翔千獨資成立了香港半島針織有限公司，一九七六年後交由唐英年打理。

一九七二 自一九五〇年代移居香港後首次回國探親（赴上海探望病母）。

一九七三 應上海方面的邀請，以香港棉紡業同業公會主席的名義組團訪問內地，是「文革」開始以後香港工商界訪問內地的第一個代表團。

與陸增鏞、陸增祺兄弟合作，成立「亞非紡織集團」，在毛里求斯開辦亞非毛紡織有限公司及針織廠。

一九七九 唐翔千一月西行赴新疆考察。三月在香港接待上海工商界經濟代表團首次訪港。十月唐翔千率領香港工商界代表團回訪上海。

唐君遠與上海工商界同仁組建「上海工商界愛國建設有限公司」，公司後於一九九二年改制為「上海愛建股份有限公司」。

一九八〇—一九八一

於一九七九年在烏魯木齊市以補償貿易方式投資建廠，一年後轉為合資經營模式，成為新疆第一個中外合資企業；一九八一年「新疆天山毛紡織品有限公司」正式成立。公司於一九九八年在深圳證交所上市。

一九八一

與上海紡織局合作成立「上海聯合毛紡織有限公司」，是國家工商局頒發的「滬字第〇〇〇〇一號」營業執照，成為第一家滬港合資企業，隨後更發展成為第一家中外合資的集團性公司「聯合實業」（一九九〇年）。集團於一九九二年在上海證交所上市。一九九六年集團為上海實業（集團）有限公司收購。

一九八四

六月二十二日，唐翔千等香港工商界代表在北京會見鄧小平。

與廣東省外貿局達成協議，在香港合資成立「粵商發展有限公司」。

一九八五

成立「香港美維科技集團有限公司」，進軍電子業。

與美國 **MICA** 公司進行技術合作，先成立了「美加偉華（遠東）實業有限公司」；以此公司為技術支撐，與廣東省外貿開發公司、東莞市電子工業總公司合資組建了「廣東生益科技股份有限公司」；公司於一九九八年在上海證交所上市。

與香港著名工商界人士組成「滬港經濟發展協會」，任首任會長。

一九八七	在上海大同中學設立「唐君遠獎學金」。
一九八九	在美國創立 TSE 服裝品牌。
一九九二	將「唐君遠獎學金」擴展為「唐氏教育基金會」；隨後在中國登記，獲上海市批准，二〇〇五年改名為「上海唐君遠教育基金會」。
一九九七	集團在上海獨資創辦「上海美維電子有限公司」，一九九九年正式開業。
一九九九	在上海開設培訓研究中心「上海美維科技有限公司」。
二〇〇七	集團重組成為「美維控股有限公司」，「美維控股」（三三一三）在香港聯交所上市。

第一章

傳奇家族

唐君遠與上海協新廠老員工合影

風水寶地嚴家橋

在無錫東大門外，坐落着一個古鎮名叫嚴家橋。相傳六七百年前有一個嚴姓大戶人家，沿着彎彎曲曲的永興河坐船到這兒，見四周河網如織，綠蔭蟬唱，土地肥沃，物產豐富，就上岸把家安了下來。當時由於大河阻隔，東西兩岸來來去去很不方便，嚴氏就在河上造了一座橋。小橋建成以後，此處成了水路交通交叉地，人們便紛紛遷移過來依水而居，形成了人丁興旺的江南小鎮。為感謝嚴氏建橋，當地百姓以嚴姓作為橋名，繼而又將橋名演變為地名。「嚴家橋」三字便由此而來。

時光荏苒，數百年後嚴家橋迎來了一個新的家族。

清咸豐十年（一八六〇年），一個白髮蒼蒼的老者踏上了這片土地。此人姓唐，名懋勳，號景溪，祖籍常州武進。唐懋勳是個商人，經營着無錫著名的四大布莊之一——唐時長布莊。唐懋勳一生奉行和氣生財的理念，無論遇到甚麼樣的顧客，他都笑臉相迎，真誠相待，因此大家都親熱地喊他為「唐佬佬」。那天，為逃避太平軍起義引發的戰亂，唐懋勳拖兒帶女，一路顛簸着逃到了嚴家橋。站在永興河邊，他被眼前這座小鎮迷住了。這裏家家枕河而居，戶戶門前垂柳，河岸相依，小橋流水，四鄉殷實，商貿繁華。他以商人特有的眼光發現，嚴家橋是一塊風水寶地：這裏地理位置可進可退，既不顯眼又不閉塞，既有人氣又不喧囂，很有點像陶淵明筆下的世外桃源。想到這兒，他不知不覺地讚歎道：「是個好地方！」

唐懋勳決定把家安在嚴家橋。

五世其昌　紡織世家

唐懋勳租下了五間平房，並以十多串銅錢盤下了雙板橋堍一家瀕臨倒閉的布莊，掛出了「春源布莊」的招牌。他坐中經營，兩個兒子唐子良、唐竹山走南闖北到產銷地「坐莊」收花，然後以棉花換棉紗，再以棉紗換棉布，收回棉布後將其銷往蘇錫常、杭嘉湖以及安徽、山東、天津等地。這種花、紗、布交叉銷售的商業模式，不但給春源布莊帶來了豐厚利潤，而且吸引了嚴家橋周邊的農民以及原先與唐懋勳有生意往來的外地客商，他們紛紛慕名來到春源布莊換紗換布。春源布莊生意蒸蒸日上，南來北往的客商川流不息。

在中國傳統社會中，土地、房產歷來被看作是創業的根本，是可以傳子傳孫的基

01 —— 唐氏春源布莊舊址

02, 03 —— 麗華廠產品商標

04, 05 —— 麗華廠大門及門牌

業。唐懋勳也沒有跳出這種思維模式，為在當地立腳扎根，他到嚴家橋不久就把原先租賃的房屋買了下來；看到太平天國起義後本地人口銳減、地價大跌，他又趁此機會大量買進土地；接着，又進一步在住宅四周收購房屋，建立唐氏宅院。沒幾年功夫，他就在嚴家橋置田六千多畝，還大興土木把舊屋翻建成唐氏倉廳，一部分地方用來囤積糧食，一部分地方用作家人住宅。

唐家父子除經營布莊外，還開出了德仁興繭行，建造了同濟棧房，辦起了同興木行，開設了同濟典當。多樣化的經營使唐懋勳集土地租金、商業利潤和資本收益於一身，成為嚴家橋地區首富，四鄰八鄉都惟其馬首是瞻。

光緒初年，唐懋勳重新回到無錫城裏經營布莊，成為當地有名的商紳。

江山代有才人出，唐氏祖業後經培字輩、鎮字輩、源字輩、千字輩、年字輩五代，終於躋身中國商界四大家族之一。

祖輩創業　經營有道

當唐懋勳在商場上長袖善舞的時候，他的孫子唐殿鎮（字驤廷）漸漸地長大了。

唐驤廷本性聰穎，雖然也曾念過私塾，熟讀四書五經，但他對秀才、舉人這一條仕途沒甚麼興趣，反倒是因為在春源布莊這樣的商業環境裏長大，從小玩的都是開店賣東西之類的遊戲，令他對做生意情有獨鍾，祖父唐懋勳的經營之道，他一點一滴看在眼裏記在心裏。十八歲時，他從母親處拿了兩千元，離開嚴家橋單槍匹馬闖蕩無錫城。在那裏，他遇到了幼年時的玩伴程敬堂，兩人談得十分投機，遂攜手合作在城中北大街開設了九餘綢布莊。由於綢布莊地處無錫最繁華地段，且經營上講求信譽，待客和氣，服務周到，所以生意興隆，名噪一時。清末民初，九餘綢布莊已成為無錫最大的綢布莊之一。

一九一六年，唐驤廷、程敬堂通過集資接盤一家布廠，將其擴建後改名為麗華織布廠。唐驤廷知道，織布比紡紗賺得多，印染又比織布賺得更多，利潤能超過織布幾十倍。為此，他在先期創業成功的激勵下，於一九二二年創辦了麗新廠，增加了印染等多種業務，並在無錫、上海兩地生產，成為當時全國獨一無二的紡織印染配套齊全的全能廠。一九三〇年代，麗新職工已近三千人，日產細紗四十件、坯布二千多匹，每年盈利一百多萬元。

麗新創辦時正值第一次世界大戰結束，外商紛紛進入中國，城裏鄉下鋪天蓋地都是洋貨。由於採用機器生產，洋布不但產量高，而且成本低，因而價格上具有優勢，幾乎壟斷了整個中國市場。而麗新建廠之初，設備極為簡陋，產品的產量與質量都無法與洋貨匹敵。面對洋貨非同尋常的競爭力，唐驤廷知難而進，不惜以全部廠房和自有家產作抵押，借款擴充資本，從國外引進大批先進設備。唐驤廷心裏明白：中國人倘能仿製洋布，根本無須顧慮沒有銷路，而且一定有厚利可圖。事實也證明他確有先見之明，比如他引進的立脫精梳機，因為可以紡製高檔紗或冷門紗，所以用這種紗織成的府綢、麻紗，以及染印的各色花布，很快成為市場上的緊俏商品。

為了同洋貨競爭，唐驤廷一方面積極羅致人才，不斷招聘大學畢業生及其他高級技術人員，甚至重金聘請英國工程師湯麥斯來廠主持漂染部；另一方面，他派出廠裏的工務主任唐君遠去日本大阪的工廠參觀，學習燈芯絨製造技術，了解整個生產流程。

唐驤廷對市場信息也十分重視。因此，麗新能根據市場需要，及時提供各種新的花色品種。在供銷方面，麗新也很靈活，為了招徠顧客設立了郵購部，並以不收郵運費作為賣點，讓利於客戶，給人以物美價廉的感覺。麗新還有一項規定，如果有哪一家商號於年前預付貨款，第二年交貨時可以享受「漲價不漲，降價照退」的優惠。這一招使麗新收到了大量預付款，繼而用於資金周轉，增強了麗新的競爭實力。

就在麗新廠辦得紅紅火火的時候，唐驤廷的兒子唐君遠提出了一個全新的設想，結果使祖輩開創的基業轉入新一代手中。

迎難而進　傳承祖業

唐君遠，名增源，字君遠，一九〇一年出生，是唐驤廷的第二個兒子。年輕時就讀於南洋公學（上海交通大學的前身），後轉入蘇州東吳大學攻讀化學。他刻苦讀書，學有所成。

且說唐驤廷在麗新廠擴張過程中，眼看着事情越來越多而自己卻因年歲增高越來越力不從心，於是開始考慮接班人的問題。在八個兒子中，他最鍾意的是老二君遠。他對夫人錢保瑾說：「我跟你商量一件事情。我看君遠這個人聰明能幹，辦事也有魄力，而且為人寬厚，跟人很合得來，我想叫他接我班。你覺得怎麼樣？」

見夫人頻頻點頭，唐驤廷第二天就給兒子發去了一封電報，命他趕緊輟學回家。

06 —— 唐翔千的祖父唐驤廷

07 —— 唐翔千的父親唐君遠（攝於 1920 年代）

08 —— 唐君遠

09 —— 唐君遠及夫人王文杏女士

在唐君遠的意識裏，父親的話就如同軍令一樣，不能說半個「不」字。所以看到父親電報後，他趕緊收拾起自己的行囊，從蘇州急急趕往家裏。

回到無錫，唐君遠本以為父親會給他安排一個管理層的職位，不料唐驤廷卻要求他從最低層的考工員做起，並且直到三年後才讓他擔任廠長。令唐君遠意想不到的是，恰恰是考工員這個職位，讓他了解了很多坐在辦公室裏不可能知道的情況。

那時，英商與日商控制了整個市場，他們認準中國的紡織廠只能夠生產二十支的大路貨，於是就把二十支的產品價格壓低，然後把細支紗價格提高一倍。如此一來，他們非但不會虧本，而且還可以盈利。更為重要的是，這麼做可以擠垮一大批中國企業。在外商步步進逼下，中國布商虧損纍纍，麗新也不例外，同樣處於風雨飄搖之中。

面對困境，唐君遠大膽向父親建議：只有進口先進設備，只有走精品路線，才能突破眼前的困局，否則只能像其他國內紗廠一樣，將庫存的棉紗競相甩賣。在說服父親放手讓他一試之後，唐君遠又憑借家族的聲譽爭取到了銀行貸款。他用這筆錢進口一萬錠機器，專門用來紡四十支細土紗；此外，還增加了一套精梳設備，從品質上全面提升新產品。為了使產品適銷對路，唐君遠也十分重視市場信息。他專門花錢請一些人，在上海南京路、外灘等處，跟蹤觀察外國人的衣着，一旦發現新出現的花色品種，就仔仔細細地記錄下來，提供給廠裏設計人員參考。為了及時了解市場動向，他還特地設立了門市部，直接聽取顧客的意見和建議，並根據市場信息試製新產品。如風行一時的「泡泡紗」，就是麗新廠的工程技術人員研發出來的。他們發現燒鹼能使布上起皺起泡，採用這種方法織成的棉布，既涼爽又美觀，成本也不高。唐君遠給這款新品起了個很容易記住的名字：「泡泡紗」，甫一上市就引起轟動，成為市場上的熱銷產品。

唐君遠的精品策略，使麗新的產品暢銷全國，獲得了巨大成功。

獨領風騷的「呢絨大王」

當麗新廠在市場站穩腳跟後，唐君遠將注意力集中到了毛紡織業。

那時中國紡織行業棉紡、絲紡、毛紡三業中，毛紡織業發展最慢，不少廠往往開工一兩年便停產，因為無法與洋貨競爭。在一九三〇年代初期，全國只有幾家工廠生產粗呢，細呢全部依靠進口。

10 —— 麗新廠倉庫

11 —— 麗新廠宿舍

12 —— 麗新廠全景

13 —— 麗新廠廠房

14 —— 麗新廠發電廠

15 —— 麗新廠商標

16 —— 麗新廠廣告

17 —— 麗新廠內部

唐君遠認為，這是市場的空白點，大有文章可做。

一九三四年中秋佳節，當唐驤廷、唐君遠、程敬堂等人一起聚餐賞月時，唐君遠說出了自己的想法：「我想辦一家毛紡廠。」

有人提出異議：「這個市場不容易做哇！日貨嗶嘰、直貢呢這一年連續跌價百分之二十以上。聽說劉鴻生的章華毛紡廠經營得也很不順利，有人還勸他轉行辦絨線廠呢。」

「呢絨肯定大有市場。」唐君遠說得斬釘截鐵，「因為有錢的人、當官的人、洋行裏辦事的人，在社交場合都喜歡穿呢絨服裝；還有一些人，比如職員、教師、記者等，儘管生活並不富裕，但在只重衣衫不重人的社會裏，也不得不買一兩件呢絨衣服裝裝門面。因此，精紡呢絨的銷路絕對不會差。」

唐君遠還給大家算了一筆賬，當時呢絨進口須徵稅百分之三十，而原料毛條的進口稅率僅為百分之五，稅收方面的成本差異對於國內生產是十分有利的。再說，進口毛條價格低，成品呢絨售價高，即使把國內生產的高檔呢絨價格壓低，使它們比外國貨便宜一些，還是有利潤可賺的。「我們可以從澳大利亞進口上等毛條，生產高檔花呢、華達呢、嗶嘰；用國產羊毛生產粗紡花呢、大衣呢、制服呢，這些產品在價格上都肯

18 —— 無錫協新廠

19 - 21 —— 協新廠的專利產品「不蛀呢絨」廣告

22 —— 協新廠商標

定有優勢。只要花色品種適銷對路，國產呢絨完全可以與舶來品競爭。」

「有道理，我支持！」唐驤廷第一個表態，「這是中國市場的空白之處，誰能補上這個缺門，誰就可以獨領風騷。」

其他人聽罷也交口稱讚唐君遠眼光獨到。當下眾人一致商定，共同出資二十萬銀元，在無錫開辦全國第一家能精紡、能染色、能整理的全能毛紡織廠——協新毛紡織廠。由唐君遠任經理，畢業於美國羅宛爾大學紡織專業的堂弟唐熊源任協理兼廠長。

一切正如唐君遠所預料的那樣，協新廠產品於一九三六年上市以後十分暢銷，上海有一家呢絨批發商聯益公司，甚至要求將貨物全部交給他們包銷。由於產品策略、價格策略對頭，協新廠開業頭一年就收回了全部投資，並在市場上站穩了腳跟。

在贏得了第一回合之後，唐君遠再接再厲，又打出了一張屬於協新的王牌。

那時，穿呢絨服裝的人常常為蟲蛀而煩惱不已，唐君遠也為此冥思苦想，希望能一勞永逸地解決問題。一天，有人告訴他瑞士嘉基顏料廠有一個專利產品「滅蠹」，既能滅菌又不會傷到羊毛。唐君遠經過試驗發現確實有這種功效，就與洋行簽下了包銷合同，買斷這項專利在中國的使用權。

「滅蠹」，其實就像老鼠藥一樣，昆蟲吃了「滅蠹」也就死路一條了。將這個原理用在毛紡織品上，主要是通過染整的方法，將藥性滲透到羊毛分子裏去。唐君遠因為在大學裏讀的是化工，所以對「滅蠹防蛀」這麼一個專業問題能獨具慧眼。

「不蛀呢絨」的出現，使協新產品風靡全國，其品牌「三羊開泰」、「五福臨門」、「福祿壽喜」、「萬年鴻運」等暢銷國內外。唐君遠也因此被稱為「呢絨大王」。

這一年，唐君遠三十四歲。

寫到這裏，本書的主人公該出場了。

第二章

動盪年代

抗戰爆發，無錫淪陷，工廠被毀

無憂無慮的童年

一九二三年，也就是麗新廠正式開工一年後的一個炎炎夏日，唐君遠的第一個孩子唐翔千誕生了。

唐翔千的出生日，是農曆六月初八。唐君遠在日記裏記下了那一天的情景：

> 天氣悶熱，雖然有一些雨，但是趕不走暑氣。我在車間忙着，英國工程師湯麥斯剛才發過脾氣，他發現一台織機的布邊擦斷兩根絲，即命停機，責令把已織成的百餘米布作次品處理。車間主任認為小題大做，布邊擦斷兩根絲，即使內行也很難一眼看出來。湯麥斯回答說不能因小失大，一匹布質量不好，就會影響本廠產品的信譽。我跟在邊上，正暗自叫好，突然有電話打來，是家裏的。我趕回去時，小孩子已經出生了。紅彤彤的皮膚，哭聲響亮，剛抱到懷裏，就撒了我一泡尿。好兆頭，好兆頭！

唐君遠給孩子取名翔千。翔，是展翅高飛、興旺發達的意思；千，是因為孩子屬家族千字輩。

由於在家庭中是長子長孫，所以非但父母把小翔千視為掌上明珠，祖父母也都寵着他，伯祖父等長輩碰到婚嫁喜事、交際應酬等，也常常會把他帶在身邊。翔千的幼年是快活的，他集萬千寵愛於一身，無憂無慮，生活在舒適、幸福的環境當中。

到了讀書的年齡，他進了祖父捐建的小學，畢業後升入輔仁中學念初中。輔仁中學是美國聖公會創辦的基督教學校，在無錫非常有名。因為祖父和父親都是無錫城裏有名的商紳，所以學校裏的老師對他非常照顧。唐翔千成年後曾對人說，如果只是講分數，他只怕連入讀這些學校的資格都未必有。

戰爭爆發 一家逃難

翔千的好日子，在侵華日軍的槍炮聲中結束了。

一九三七年十月，日本軍隊為了打通進攻南京的道路，頻繁出動戰機，對無錫狂轟濫炸。城裏火光沖天，到處是殘垣斷壁，死傷者不計其數。醫院裏躺滿了哀號的傷員，不少人缺腿斷臂，血肉模糊，慘不忍睹。

一天，翔千剛走進校門，忽然聽到飛機的轟鳴聲，他抬頭一看，一架日本轟炸機在不遠處盤旋。還沒有等他反應過來，飛機就俯衝過來扔了兩顆炸彈。學校裏頓時亂成一團，同學們抱着頭東奔西逃。學校前面有個將軍橋，平日裏僅容得下兩個人並肩通過。此刻大家慌慌忙忙地擠成一團，拼着命逃往河對岸，一些沒法子上橋的同學就直接往水裏跳，有個戴眼鏡的老師因為害怕敵機轟炸，拿了個面盆倒扣在頭上。

一個月後，荷槍實彈的日軍開進了無錫，他們姦淫擄掠，無惡不作。無錫城中火光沖天，一連燒了三天三夜。唐家宅院在大火中被燒燬了，唐驤廷門下各布廠的機器和設備被封存了，堆放在廠裏的布匹統統被搶走了。日軍還進駐了麗新等工廠，控制住了留守在廠內的看護人員，只准他們在廠區範圍內活動，不准走出大門一步。平日裏把工人當奴隸使用，隨意差遣，稍有一點兒不順心就拳打腳踢。有幾位年輕的護廠工人，因為對日本人不滿咕噥了幾句，竟被活生生地刺死了。

那一年春節，無錫城裏沒有一點過年的氣氛。唐君遠在日記裏寫道：

今天是大年初一，在日軍佔領下，根本不像過年的樣子。沒有煙花爆竹，沒有大紅燈籠。小孩子在天井裏跳繩、踢毽子，文杏（唐君遠夫人）照例和傭人一起在廚下忙碌。父親喜歡吃的走油蹄膀，我好不容易弄來一隻，端在他的面前。工人陸陸續續來拜年了，來得不多，都面有愁色。我封了一個個紅包發出去，說上幾句吉利的話，勉強擠出一些笑容。

工人們拜完年就走了，大家朝不保夕，誰也不知道明天的事情。我坐不住，心裏像被甚麼東西堵住似的，就去天井裏吸煙。到底是小孩子，「少年不識愁滋味」，新瓔、新綺（翔千妹妹）照樣玩得興致勃勃，滿頭汗水。翔千有點懂事了，見我面無笑容，悄悄拉着妹妹閃到一邊。

此時，唐君遠已經打定主意，讓家人逃離無錫外出避難。一天黎明時分，翔千和他的幾個弟妹在睡夢中被叫醒，匆匆洗漱並扒了幾口早飯之後，便跟隨父親走出家門，開始了逃難之旅。

路上是綿延不盡的逃難人群，前不見頭，後不見尾，人們拖兒帶女，哭天喊地。有的小孩子走散了，坐在地上哇哇大哭。有些老人實在走不動了，就在路邊橫七豎八地躺了下來。這悲慘的一幕，是含着「金湯勺」出生的翔千從來也沒有見過的，他被深深地震撼了。他第一次發現，一個人的命運不僅與一個家庭的沉沉浮浮聯繫在一起，更與一個國家的興盛衰敗緊密相連。

在逃難大軍中，翔千是幸運的，因為家裏還有一輛奧斯丁小汽車，這在當時實屬稀罕之物。根據唐君遠的安排，翔千和幾個弟妹坐在後排，他自己則坐在司機旁邊。由於上海已經淪陷，所以只能直接開往鎮江。

一路上，唐君遠濃眉緊鎖，他不知道前面會發生甚麼不測，更擔心會遭遇到甚麼劫難。怕甚麼就來甚麼，車到半路，被兩個國軍士兵攔住了去路。兩支步槍，兩個黑洞洞的槍口，對準了坐在前排的唐君遠。

「下去，都下去！這輛車老子要派用場了。」

唐君遠急了，打開車門翻身下車：「老總，國難當頭，大家活得都不容易。再說，車上坐的是小孩子。老總要搭車的話，大家可以擠一擠。翔千，你抱着妹妹讓她坐在腿上，擠出地方讓兩位老總坐！」

一個年長一些的士兵把頭伸了進來，四下裏掃了一下，翔千發現他滿臉鬍茬，眼中佈滿血絲，額角上有一道七八寸長的傷疤，渾身都是灰土。

「好吧，上車，往北開。」那士兵朝夥伴使了一個眼色，兩人一起擠上了汽車的後座，兩支冰冷的步槍橫在翔千面前。

翔千一陣哆嗦，抱着弟妹縮作一團。

「呵呵，小把戲害怕了！放心吧，我們不是魔鬼，不會吃了你，到了前面營地就會下車。哦，你怕槍？這東西是寶貝呀，出十根金條也甭想換，老子這條槍幹掉過三個小鬼子。哈哈哈！」

翔千低眉垂眼，不吭一聲。

車子一路顛簸着，往北而去。

兩三個時辰後，那兩個士兵在一座大院前面下了車。送走他們，翔千和弟妹們才從驚恐不安中解脫出來。

在鎮江，他們穿過一條崎嶇泥濘的小路，將車子直接開到碼頭，趕上了當天最後一班輪船。碼頭上人山人海，人們像潮水一樣往前湧着，惟恐錯過了這班船。唐君遠一看這場面，也顧不得斯文了，他一隻手拽着翔千，另一隻手抓住小兒子，再讓兩個女兒緊緊拉住自己的衣服，然後咬着牙衝進人群，使出吃奶的力氣往船上擠。

那時，唐驤廷已經在船上了。他包下了一個房間，那屋子按規定只能住兩個人，現在已經擠了七八個人了。看到唐君遠拖兒帶女出現在門口，他喜不自禁地站了起來，張開雙臂把四個孩子攬在自己的懷裏。

唐君遠把兒女交到父親手裏，來不及喘口氣兒，就急急忙忙開着車趕回無錫去了。

日軍折磨下寧死不屈

唐君遠實在丟不下廠裏的那攤子事兒，那裏的每一台機器乃至每一塊磚木，都凝聚着他和祖輩的心血。

麗新廠已經成為日本人的軍營，周邊地區都已戒嚴，市民不經批准已無法通行。有些人因為誤入這個區域，竟然被槍殺在光天化日之下。

唐君遠在工廠附近橋堍下租了一間民房，作為麗新的臨時辦事處，進行遙控指揮。他想方設法與護廠人員接上關係，及時掌握廠裏動態。同時走訪遇難者家屬，幫助他們將被槍殺的護廠工人遺體收殮安葬，並定期給予家屬撫恤費，還承諾工廠一旦復工，將優先安排他們進廠工作。對於那些依然留在廠內的護廠工人，他一方面要求千萬注意安全，一方面按月發給生活補貼。

不久，有日商來找唐君遠，提出由日本人出資百分之五十一，唐氏家族出資百分之四十九，雙方合作共同經營，專門製作軍用毛毯及軍用衣料。

唐君遠明白，所謂合作其實只是一個借口，日本人的目的無非是借用唐家的實力和招牌，一方面生產出他們所需要的軍用物品，一方面製造「中日親善」的假象。他毫不猶豫地拒絕了日本人的要求：「我無能為力。」

「為甚麼？」日本商人陰沉着臉問道。

「我沒有這個權力。合資辦廠這麼重大的事情，沒有公司董事會同意怎麼行呢？」

「奉勸你三思而行，不要以卵擊石。」日本人恨得咬牙切齒。

唐君遠本來就不喜歡多說話，知道與對方磨嘴皮子只是白白浪費精力，所以乾脆閉上了嘴巴。

眼看着軟刀子解決不了問題，日軍司令部惱羞成怒，撕下了原先的假面具，派出憲兵將唐君遠抓來關了起來。他們惡狠狠地威脅說，如果不合作，就把那些工廠全部炸毀。

唐君遠聽罷冷冷一笑：「中國有句古話，叫做『寧為玉碎，不為瓦全』。我既然被你們抓進來，就已經做了最壞的打算。」

日本人無計可施，就把他關進了一個「站籠」，企圖以這種殘酷的方式來折磨他，逼他就範。

所謂「站籠」，就是把人關在一個窄窄的木籠子裏，使他一天到晚只能站不能坐。這樣的折磨方式一般人都很難忍受，何況唐君遠從小養尊處優，是在舒適優越的環境裏長大的。但他不願意低下自己的頭，不願意跪倒在日本人面前。他強壓下悲憤，閉上眼默默地站在木籠裏。二十多個小時以後，他已渾身癱軟，虛汗淋漓，最終昏死了過去……

日本人把唐君遠折磨了半個月，才將他從木籠子裏放出來。

雖然從死神手裏逃過一劫，但唐君遠出獄時已不成人樣，回家後便病倒在床上。

這一次交鋒，儘管日本人沒能討到半點兒便宜，但唐君遠最後也沒有保住協新廠。日本人為發洩心中的憤恨，砸毀了廠裏所有的機器。眼看着凝聚了祖輩心血的企業毀在日本人手中，唐君遠欲哭無淚，心灰意冷到了極點。

在戰亂中學習不懈

且說唐翔千隨祖父逃出無錫後，先到鎮江，再到奉化，後到廣州，繼而在香港呆了十幾天。到他們從港島乘船回到上海時，已經是七八個月後的事情了。

這時，雖然上海已經淪陷，但由於美國及英法勢力的存在，日軍並未佔領租界。唐家在興業里找了幢房子安頓下來。興業里在法租界，是具有上海風情的新式里弄建築，那裏花木繁茂，環境幽靜。

翔千在位於新閘路的上海實驗中學念了一年書，完成了初中學業，之後進入大同中學讀高中。當時，大同中學已遷至租界，在復興路律師公會大廈繼續上課。

每天清晨，翔千吃過早飯就去上學了。他穿着一身普通的學生裝，腳上是一雙有點褪色的綠色球鞋。雖然家裏有一部轎車，可以送他和弟妹們上學；公共交通也非常方便，坐上二十四路電車，三五站路就可以直接抵達學校了。但翔千很少坐車，經常一個人獨步而行穿過顧家宅公園（今復興公園），一路上呼吸着清晨的新鮮空氣，看看四周生機盎然的花卉樹木；他也很喜歡穿過曲裏拐彎的弄堂，欣賞兩邊各式各樣的建築。

雖然翔千的學習成績談不上出類拔萃，但他的文科底子很好，對古文頗有造詣。喜好中國文化，也是受他祖輩的影響。在傳統士紳家庭中，讀書人的基本功就是能讀古書、會寫文章。為此，家裏特地請來一位老先生教翔千讀文言、念四書，這曾經是他每日的必修課。久而久之，古書上的那些名句，他自然爛熟於心。

翔千念完高中以後，升入大同大學商學院，主修會計專業。

說起來，唐家與大同大學的關係也非同一般。大同大學的創辦人胡敦復（一八八六——一九七八）是無錫人，早年在南洋公學、震旦學院、復旦公學學習，之後赴美國深造。回國後曾任清華學堂教務長，因不滿清華辦學方式，離開北京到上海籌辦了大同大學。無錫胡家與唐家是親戚關係，所以，翔千進大同大學唸書是順理成章的事情。

翔千非常認同大同大學的辦學理念，「不問政治，學術救國」這八個字，像磁石一樣吸引了他；他也很適應自由民主的學術氛圍和教學方法。在大同大學，每個人都可以根據不同的興趣愛好和文化程度，選讀不同的課程，基礎好的可以多選，基礎差的可以少選一些，修滿學分可以提前畢業，困難學生亦可延遲畢業，一切從學生實際出發，而不強求一律。

在學習專業知識的同時，翔千也結識了一些好朋友。他們都很聰明，學習成績在班裏都名列前茅。與這些尖子同學交往，既給了翔千壓力，也給了他動力。翔千的成績，起先一直徘徊在中等水平以下。面對班裏那些佼佼者，翔千被年輕人的好勝心攪得無法安寧，他反覆質問自己：同樣是張老師李老師教的，我的成績為啥就不如他們，要相差那麼一大截呢？

這一日，翔千無意中翻閱了一位朋友的筆記本，他頓時愣住了：那本筆記本上，課堂上老師講過的所有的話，幾乎都被記了下來，有些字旁邊打了紅顏色的問號，有些字底下畫上了粗粗的黑線，還有些字上畫了黃色的圓圈，邊上的空白地方寫滿了這位同學的學習心得——怪不得這位同學成績名列前茅，他是把老師說過的每一句話，都細細琢磨、細細消化啊！

自此以後，老師在黑板上寫的每一個字，老師解題的每一道步驟，翔千都一字不漏地記錄下來，回到家裏之後，他原本總會與弟妹一起下下軍棋、打打撲克，玩上一陣子。現在一進家門就直奔二樓，把自己關在屋子裏，翻出當天的筆記細細閱讀，徹徹底底底弄明白老師講課的意思。

皇天不負苦心人。這麼堅持了幾個月以後，翔千的成績終於出現了變化，分數一個勁兒地往上竄，班裏的同學一個個被他拋在了後面。一些先前傲氣十足的同學，紛紛放低身段與他商量，希望能夠借他的筆記本參考參考。

最愛看京劇

也許是遺傳的緣故，翔千與他的父親一樣，也是個不願意多說話的人，而且也不喜歡體育運動，學校的籃球場、足球場上，難得見到他的身影。在課餘時間，他唯一的嗜好是看戲，而且只愛看京戲。無論誰與他聊到這個話題，他立馬會換了一個人似的，話一下子多起來，甚麼生、旦、淨、丑，甚麼唱、念、做、打，他一口氣可以說上半天。

每個星期六的晚上——當然，期中或者期末考試的日子除外，在家裏吃過晚飯之後，他都會坐車去共舞台、大舞台、天蟾舞台、中國大戲院這些劇場看戲。

翔千最愛聽老生唱腔，只要是馬連良、譚富英、楊寶森、奚嘯伯這「四大鬚生」來上海演出，他一定會想方設法弄到票子。其中，馬連良是他的「最愛」，他不會錯過任何一場演出。每每走出劇場依然興奮莫名。

待他穿過一條條空曠的馬路，繞過興業里弄堂口的小綠地，站在自家的兩扇大門前時，往往已是午夜時分，透着燈光的窗口已寥若晨星，人們大都進入了夢鄉。

為了避免驚動家人，翔千會繞到東面的牆角下，對着二樓的窗口壓低聲音叫道：「三妹，開門哪！」

翔千與弟妹們一直相處得很好，時時處處總是護着他們，所以弟妹也心甘情願聽從他的吩咐。三妹新瓔每到星期六晚便會打起十二分精神，豎起耳朵注意窗外的動靜。只要一聽到大哥的聲音，她就會一骨碌爬起身來，披件衣服急急下樓，然後輕手輕腳地把門打開……

第三章

青春歲月

抗戰勝利後的無錫協新廠

戰後的新生活

就在翔千畢業那年，日本人投降了。可唐家老老少少開心了沒有幾天，翔千便發現家裏的氣氛又變得異常沉悶了，父親整日裏愁眉不展，話也說得更少了。

唐君遠原本也對新生活充滿了期待。自從走出日本人的監獄以後，他一直避居上海租界，擴建舊廠，開辦新廠，為日後大展身手打下了堅實的基礎。當他從收音機裏聽到日軍投降的消息後，興奮得不知說甚麼才好，把自己關在了屋子裏，任由喜悅的淚水不停地流淌。那晚他輾轉難眠，決意重整旗鼓、大幹一場，使祖傳的基業更上一層樓。為此，他將上海的企業正式改名為上海麗新一廠、二廠、三廠，以及上海協新毛紡織廠。

經過了長達八年的戰爭，中國社會曾經被壓抑的生產力和消費力，也像火山一樣迸發了出來，市面上呈現出一片繁榮景象：大小馬路上鞭炮聲、鼓樂聲此起彼伏，新開張的公司如雨後春筍，一家連一家掛出了新的招牌；商場裏人頭攢動，無論是吃的、穿的還是用的，銷售量一天天往上躥，把商家樂得合不攏嘴。

那一陣子，麗新廠和協新廠也搭上了「順風車」，不但機器全部投入運轉，還三日兩頭加班加點。工人們的口袋鼓了起來，唐氏家族更賺了個盆滿缽滿，年底結賬時唐君遠喜上眉梢，利潤額竟達到了創紀錄的七位數。為此，他將生產規模擴充了三倍。

然而好景不常，唐君遠很快就陷入了失望，他發現從重慶飛來上海的國民黨接收大員，比日本人也好不了多少。這些人像蝗蟲一樣滿世界轉，拿着封條四處尋找目標，甚至指鹿為馬、捕風捉影，在懲治漢奸的名義下，把不少工廠視為敵產貼上封條，從而將私人財產收入自己的囊中。

告別悠閒歲月

可是，世道再亂，生意還是得做，日子還是得過呀！

對於翔千畢業後的去向，唐君遠早就有打算，希望他到銀行去工作。唐君遠一直很欣賞榮氏家族一邊經營實業、一邊經營銀行的商業模式。

在無錫四大家族中，榮家是以開辦錢莊起家的。榮宗敬十四五歲時隻身來到上海，在一家名叫源豫莊的錢莊裏當學徒。那時錢莊人少事多，業務繁雜，銀錢往來、結賬月盤樣樣事都要沾手，加班加點更是家常便飯。然而，正是這艱苦的學徒生涯，為榮家日後涉足金融業打下了基礎。幾年後榮宗敬說服父親拿出股本，與人合夥在上海開了廣生錢莊。之後，榮宗敬以錢莊作為倚靠，在無錫太湖邊上興建了保興麵粉廠，走上了實業興國的道路。

因為是錢莊學徒出身，所以榮宗敬十分重視銀行和資本在實業中的槓桿功能，自始至終與銀行界保持密切聯繫。在上海銀行的原始資本中，榮氏家族佔了五分之一；在中國銀行也有着五十萬元的股份，榮宗敬也因此成為了這兩家銀行的董事。此外，榮宗敬及其控股的公司，還在其他十四家銀行和錢莊中投資了一百萬元。針對有些股東質疑他投資「太分散」，榮宗敬回答說：「這種投入太划算了——投資十萬元、二十萬元，動用的資金卻可以放大十倍，變成一百萬元、二百萬元。」他的成功秘笈是，只有欠人家的錢然後賺錢還錢，企業才能快速發展。

正是因為有了領先潮流的金融意識，也正是因為熟悉了各種金融工具，榮家在資本運作上明顯高人一籌，致使家族企業以超乎尋常的速度發展，在二三十年時間裏，從無到有，從小到大，從弱變強，成為富甲一方的豪門。

榮氏家族的成功經驗，唐君遠看在眼裏，記在心裏。

一個深秋的夜晚，吃過飯後唐君遠沒有像往常那樣出去散步。他叫住了正準備出門聽戲的兒子翔千。

「我以前總有一個想法，覺得只有種田辦廠才利國利民，是正兒八經的事情，因為地裏可以長出稻米，機器可以織出白布。甚麼股票啦、期貨啦，都是空手套白狼的把戲。現在看來，這麼想太偏激了，反倒把自己的手腳縛住了。如今已經是民國了，洋人洋貨都湧進來了，就像決了堤的洪水一樣，做實業沒有新招怎麼行？過去那種有多少錢做多少事的想法，太死板了！」

在翔千的印象裏，父親是個很少說話的人。似今天這麼侃侃而談，翔千以前從未見過。他知道，父親這番話是經過深思熟慮的。

「『實業興國』，這一條祖訓沒有錯，但唐家還必須出一個懂得『錢生錢』的後生。」

「所以您安排我讀會計、進銀行？」

「我就是想讓你去銀行上上下下轉一圈，把各種各樣的環節都摸得清清楚楚，把各種各樣的套路都弄得明明白白，把各種各樣的關係都銜接得服服帖帖。」

「兒子明白。」

「如果把唐家比作一架飛機，那麼實業與金融就是兩個翅膀。家族基業能否上一個台階，就看這一步了。」

「我一定盡力而為。」

走出父親的房間，翔千感到了一種從未有過的壓力。平時他對自己的要求是，把書讀好，不要給唐家丟臉。至於家族的事業，生意場上的事情，他很少往心裏去，因為有祖父特別是父親在打理着，就像是一幢大廈的頂樑柱似的，外面的世界風再大雨再大，家裏也總是平平安安的，用不着自己操半點兒心。現在，父親給自己壓擔子了，而且是關係到唐氏家族大業的擔子，好沉好沉啊！

月亮爬上了屋頂，夜色已經很濃了。翔千突然想到了人聲鼎沸的共舞台，此刻劇場裏必定是高潮迭起，叫好聲此起彼伏。以往，他準會叫一輛車趕過去，可現在他卻一點兒也沒有這種情趣，只覺得心裏沉甸甸的，思緒亂紛紛的。

翔千知道，以往那種悠哉游哉的閒適生活，只怕是「過去式」了。

去銀行打工

翔千打的第一份「工」，是在中國企業銀行做實習生。在上海灘，這只是一家很不起眼的小銀行。

唐君遠之所以沒有安排翔千去上海商業儲蓄銀行、金城銀行、浙江商業儲蓄銀行這樣的大銀行，是因為小銀行能使他學到更多的東西。在大銀行裏，部門多、分工細，即使在同一幢大樓裏，部門之間也被一面面牆壁——既包括有形的，也包括無形的——分割開來，真所謂「雞犬之聲相聞，老死不相往來」。小銀行就不一樣了，它「麻雀雖小，五臟俱全」，去這種地方學生意，雖然人會辛苦點，甚麼樣的事情都得幹，但這種付出卻是值得的，可以有事半功倍的成效。何況，這家銀行從創辦的第一天起，就與實業有千絲萬縷的聯繫。它的創始人劉鴻生是上海灘赫赫有名的「火柴大王」、「水泥大王」、「煤炭大王」，這麼一個實業家之所以花本錢、費精神辦銀行，是因為他吃足了銀行的苦頭。劉鴻生曾對人說，吃銀行飯的人最勢利，當你火燒眉毛急需款子的時候，銀行總是推說銀根緊，不願意借錢給你；即使你苦苦相求拿到錢了，也等同於飲鴆止渴，因為利息定得特別高，自己好不容易賺來的利潤，大部分都得交給銀行付利息，而且對方總好像怕你走人似的，隔三差五地催你還錢。為了不再仰人鼻息，劉鴻生自己掏錢開辦了銀行，希望能擁有一家金融機構，吸收、調動、集中社會游資，扶持旗下企業發展，讓銀行真正成為服務自己企業的「保姆」，成為劉氏托拉斯計劃中的一環。金融與實業，就如同血脈與人體，唯有血脈順暢流通，人體才會健健康康；唯有現金流量充沛，企業才可從容應對各種問題。劉鴻生的這些想法和做法，唐君遠極為讚賞，他希望翔千能通過銀行歷練，熟悉資本流動的真諦，掌握資金融通的秘笈。

根據父親的安排，翔千走進了四川路三十三號（今四川中路三十三號）的中國企業銀行大樓。這是一幢極富藝術派風格的八層樓建築，牆面上貼着黃褐色釉面磚，看上去十分氣派。在這裏，翔千每天朝九晚五，從最基層的事情做起，包括打熱水、抹桌子之類雜活也照幹不誤。很快，銀行裏同事都喜歡上了這個身材高大的小伙子，他西裝筆挺，皮鞋锃亮，分頭梳得整整齊齊。平日裏手腳勤快，幹活認真，而且不懂就問，一開口臉上總是笑眯眯的：「這件事，您看怎麼處理呢？」因為虛心好學，所以同事們也樂意手把手教他。

在那些日子裏，翔千不但通過親身體驗熟悉了銀行工作流程，還通過閱讀書報雜誌了解到大量專業信息。更令翔千愉快的是，他在銀行裏結交了一位好友——方祖蔭。方祖蔭當時是銀行業務科員，比翔千大八歲，談吐儒雅，為人誠懇，視野開闊，業務嫻熟。在結識翔千之前，方祖蔭就與唐君遠有一些工作上的往來，彼此印象甚好，此番翔千來中國企業銀行做練習生，方祖蔭見到舊交之子，自然全力幫忙。再說，他也十分欣賞這位年輕的練習生，認為翔千聰明而且有悟性，肯虛心請教。

平時，有事沒事，方祖蔭都會拉着翔千聊銀行業的各種話題，從歐美各國金融業的現狀，聊到上海各家銀行的競爭伎倆，以及某些企業如何通過銀行「空手套白狼」的秘聞。兩個人往往到了下班時間還意猶未盡，一道去街邊的咖啡館坐上一個鐘頭，兩杯牛奶咖啡，幾塊餅乾，繼續下午的話題。如果說，進入中國企業銀行只是為翔千打開了解金融的一扇窗戶，與方祖蔭的交往，則讓翔千找到了如何與資本打交道的基本路徑。

方祖蔭也沒有想到，當初提攜過的年輕朋友，以後竟會成為香港聲名顯赫的大實業家。方祖蔭更沒有想到，兩個人的情感和友誼，居然能延續到千禧年之後。在他七十五歲高齡的時候，又幫翔千張羅起唐氏基金會的事情。這又是一段白頭兄弟赤誠以待的佳話，這裏暫且按下不表。

翔千在中國企業銀行工作了沒多久，就轉入了上海實業銀行。

從中國企業銀行到上海實業銀行，兩年的時間很快就過去了。看到翔千對銀行的吸存放貸、抵押匯兌、簿記賬務等業務流程已瞭如指掌，唐君遠暗地裏思忖：該讓翔千漂洋過海去留學了。

準備出國留學

尤其是到慶豐紗廠參觀以後，唐君遠更是感慨萬千，大開眼界。同樣是這個慶豐廠，廠房還是這麼個廠房，工人還是這麼些工人，自從堂兄唐星海當上掌門人後，效率提高了整整四倍。工廠利潤自然也是年年遞增，有些年份甚至翻一番還不止。而這一切無疑歸功於唐星海的留學生涯。正是在大名鼎鼎的麻省理工學院，他了解了機械製造原理，學習了組織管理理論，然後把在美國學到的一整套本領搬回到廠裏。

在唐星海的治理下，慶豐廠裏不可能看到穿着長袍馬褂的領班，在機器旁邊「咕嚕嚕」地抽着水煙；不可能看到工頭陰沉着臉到處找茬，遇到不順眼的工人就又打又罵；不可能看到寫字間裏有人蹺起二郎腿，一顛一顛地抖個不停。以前那些不文明的做派，已經消失得無影無蹤。在管理方面，唐星海十分講究章法，廠裏所有崗位乃至於員工的衣食住行，他都一一立下規矩。他還對員工進行專業培訓，而不是僅僅把他們當作「賺錢的工具」。

「今天星海給我上了一堂課，讓我徹底想明白了一個問題：一定要想辦法送你出去讀書。在我們家裏，這件事比賺一百萬元、一千萬元都更重要！」唐君遠語重心長道，「我年輕的時候，為了幫助你祖父打理生意，連大學四年都沒能讀完，更不要說去歐美留學了，這成了我永遠的遺憾。翔千啊，唐氏家族缺失的這一塊，千字輩一定要補上去。老話說，讀萬卷書，行萬里路。有沒有喝過洋墨水，有沒有見過洋人的世面，大不一樣啊！」

目睹慶豐廠變身為行業龍頭老大的整個過程，唐君遠明白，唐星海的「新政」，完全得益於他肚裏的洋墨水。再加上身邊令人沮喪的社會現實，更使唐君遠打定主意讓兒子遠走他鄉，到外國去學點真本事回來，將來改朝換代、政治清明了，就可以大展身手為國家出力了。

為此，唐君遠讓翔千辭掉了銀行裏的差事，一門心思準備出國留學。

第四章

留學歐美

1940 年代的唐翔千

辦理手續屢次碰壁

自從打定主意要遠赴外國留學後，翔千開始留意起報紙上的有關廣告；同學中有留學歸來的，他只要知道了就會找上門當面討教。他最怕的還是語言關，雖然大學四年讀下來，外國報紙可以看看了，外文書籍可以翻翻了，但與人交談就「露馬腳」了，說起話來結結巴巴、斷斷續續的，就像開着奧斯丁時不時剎車一樣。

翔千最頭痛的事情，是辦理出國手續時與政府打交道。那些坐在衙門裏的人，雖說只是芝麻綠豆官，有的甚至連一官半職都沒有，僅僅是個小小辦事員，卻幾乎能夠把你整死。那副愛理不理的神態，那些防不勝防的難題，真的使人徒喚奈何，足夠令到你精神崩潰。在所有出國手續中，折騰得最厲害、最讓翔千煩心的，是辦理護照。

在一次次碰壁之後，唐君遠不得不動用家族在南京官場的一些關係。儘管他平時不願意與官府走得太近，但眼下別無選擇。

當一切手續終於辦妥，翔千知道出國留學已經指日可待，不會有太大的障礙了。奇怪的是，他竟然一點也高興不起來。他苦思冥想：這個國家怎麼啦？小時候，書本上不是告訴自己，「人之初，性本善」，可現實生活怎麼離得那麼遠呢？為甚麼會有那麼多的人熱衷於「腳下使絆子」，逼着你拿出錢來，卑躬屈膝地去孝敬他們？

他從心底裏感到悲哀。

一九四七年春夏之交，在經過了一年折騰之後，翔千終於辦妥了所有出國手續。

父愛如山

為了讓兒子到異國他鄉能夠少一些坎坷，讓他的留學之路能夠走得順暢一些，唐君遠不動聲色地預先做好了三個方面的安排。首先，他在兒子就讀的曼徹斯特大學附近，租下了一套學生公寓房。翔千去學校讀書，只要步行七八分鐘就可以了。那裏交通非常方便，巴士線路有好幾條，可以直接通往火車站和輪船碼頭。

唐君遠做的第二件事情，是為翔千找了一個夥伴。此人名叫蔡保乾，出身於書香門第。其父當年曾留學美國賓夕法尼亞大學，拿了個博士學位回來後，在大同大學當教授。由於父親的言傳身教，蔡保乾的英語一直是他的強項，每次考試不是年級第一名就是第二名。當唐君遠打聽到蔡保乾也即將去曼徹斯特大學讀書時，不禁喜出望外，於是把他安排在翔千同一套公寓裏。這樣，他等於為翔千請了一個外語「家教」，可以幫助翔千闖過語言關，盡快融入當地人的生活。最為唐君遠看重的是，蔡保乾這個小伙子性格爽朗，在社交方面是一把好手，無論甚麼樣的人，他一開口就可以拉近與對方的距離，熱絡得像久違的老朋友一樣。這種個性上的特質，唐君遠明白，正是兒子翔千所欠缺的。在十多個子女中，翔千的性格最像自己，平日裏話語不多，三句話能夠說清楚的事情，絕不會拉拉扯扯說上十句八句。翔千非常討厭應酬，因為在那樣的場合，常常要沒話找話，還得傻乎乎地陪着笑臉。所以各種各樣的「派對」、飯局，他總是能推則推。「知子莫若父」，唐君遠知道，雖然兒子身上有很多優點，比如孝順父母、為人正派、心地善良、勤奮刻苦等等，但性格內向畢竟較吃虧。在上流社會或者生意場上，外向型性格的人總是佔盡便宜。安排他與性格開朗的同學同住一個屋簷下，也許能使他的性格出現一些積極的變化。

唐君遠為兒子做的第三件事，是給他安排了一個像朋友那樣的「幫手」。早在一九三〇年代，因為協新廠要採購紡織設備，唐君遠與英國的信昌洋行有了來往。這麼些年來，雙方合作十分融洽。不久前，為翔千留學之事，唐君遠親自到洋行面見董事總經理 Gomersale，獲他欣然答允會對翔千多加照顧。

在把三件事情辦妥之後，唐君遠才長長地舒了一口氣。

翔千臨行前，唐君遠特地在和平飯店沙遜廳靠窗的位置訂了兩桌，全家人濟濟一堂為兒子餞行。宴席上，唐君遠並沒有多說甚麼，只是當黃浦江上緩緩駛過一艘掛着星條旗的巨大郵輪時，他指着燈火輝煌的船身說道：「只有國家強大了，人民才能風風光光地走遍天下。我一直在想，如果中國每年有一萬個……不，如果有十萬個年青人跑到世界各地，學會一身的本事之後再回到中國，我們還會像現在這樣被人看不起嗎？不可能吧。」最後這幾個字，他既像是對翔千說，又像是對自己說。

翔千知道父親是個有想法、有抱負的商人，希望自己能實現他的未竟之志，便舉起酒杯昂然答道：「父親放心，兒子一定不會給家裏坍台。用功學習，多長本事，為家可以光宗耀祖，為國能夠濟世安民。」

說完，翔千將杯中酒一飲而盡。

過客香港

在一九四〇年代，上海與英國並不直接通船，翔千需要轉道香港，然後坐船越過印度洋、大西洋，抵達英倫三島。

到了香港之後，翔千住進了北角電器道一家小酒店。在香港，北角素有「小上海」之稱，那裏上海人特別多，到處可以聽到上海話，好多餐館都把「上海菜」作為招徠生意的「噱頭」，春卷、油條這些上海人喜歡吃的點心，更是隨處可見。正因為如此，所以儘管翔千第一次來到香港，卻沒有太多的陌生感。

由於那時開往英國的輪船並非每天都有，閒着無事時，翔千便四處走走看看。他從天星碼頭乘上小輪船，站在棕櫚葉做成的船篷下，但見湛藍色的海面漪瀾輕揚，海灘旁泊滿了帆船和舢舨，一些船上人家正在炭爐上燒菜做飯，頭頂晾曬着衣褲，像萬國旗一樣飄來飄去；他在尖沙咀蹓躂漫步，在九龍城兜兜轉轉，這裏小店舖一家連着一家，食肆、酒吧、裁縫店應有盡有，影院門口貼着粵語片《金粉霓裳》的海報，人力車扎堆停在路邊，車伕們頭上戴着草帽，衣衫上打着補丁，黝黑的脖頸上掛着抹汗的毛巾；他在銅鑼灣怡和街跳上有軌電車，「叮叮噹噹」坐到上環文華里，一路上看到了修築在斜坡上的破舊寮屋，也看到了人聲鼎沸的街市排檔，還看到了騎樓下成群結隊的露宿者……

香港給翔千的第一印象，可以用一個字來概括：窮。這裏根本不能與上海比，沒有上海那麼多高樓，也沒有上海那麼繁華，甚至比自己老家無錫還要差一個檔次。但香港也有她的特色：「天高皇帝遠」。中國政府管不到這兒，英國女皇似乎也沒有把這塊殖民地放在心上，懶得越過千山萬水來這兒看一看。她派來的港督，雖說是她的全權代表，但總放不下貴族的架子去民間看看，一天到晚呆在半山花園洋房裏。這一邊緣化的社會現實，使得香港百姓很少有被人管束的壓抑感，政府的管治並未如影隨形纏得你難受。此外，移民文化或者說難民文化，也拉開了人與人之間的距離。一百多年來，操着各種地方口音的中國人，遇到戰亂就像潮水一樣湧進香港，等到戰亂平定天下太平，又打起背包回老家去了。港島和九龍，對他們而言，只是臨時避難所。還有一些人，在這兒停留一段時間後，咬咬牙齒繼續往南走，漂洋過海跑到菲律賓、馬來西亞、印度尼西亞。正因為各路人馬都有一種「過客心理」，只是把香港當作經過路過的地方，對她既沒有多少指望，也沒有多少指責，反倒使這裏的文化少了一份壓抑、沉重，多了一些隨意、輕鬆。

也許是因為在銀行做過事情的緣故，翔千也總忘不了去滙豐、渣打這些銀行，看看與上海有些甚麼差異。令他十分驚訝的是，香港銀行裏儘管人頭濟濟，卻是如此安靜、有序，而不像上海那樣你爭我搶擠成一團，客人整整齊齊排成一條線，彼此隔開一定的距離，隊伍太長的時候，這根線會像回形針一樣繞來繞去。無論隊伍多麼長，無論等候時間多麼久，所有人都安安靜靜的，沒有人抱怨，沒有人喧嘩。偶爾不小心彼此碰撞了一下，也沒有人會瞪眼呵斥，而是堆下笑臉連連道歉：「對不起，對不起。」翔千很喜歡這種「紳士文化」，既溫文爾雅、彬彬有禮，又講究處事規則，一是一、二是二。

在香港住了六七天之後，開往英國的輪船就起錨了。

作為香港的匆匆過客，當翔千提着行李走上甲板時，他絕對沒有想到，在三五年後會再次來到這兒，唐氏家族竟會扎根在這片土地上，繁衍後代，頑強生長，成為枝繁葉茂的名門望族，在香港的歷史上留下濃墨重彩的一筆。

留學生活

一九四七年，當翔千提着行李走進曼徹斯特大學的時候，他被眼前所看到的一切陶醉了。身邊的這些大樓，自己以前只是在外國電影和外國畫報裏才見到過。那高高聳立的尖塔，輕盈修長的立柱，顯得如此壯觀、典雅；一扇扇長窗上巨大斑斕的玻璃畫，精緻華美，玲瓏剔透，似乎在訴説着哀婉動人的故事；厚重的外牆由一塊塊褐紅色磚石堆砌而成，看上去穩重、厚實，活像英國人的性格：保守內斂。與這些美輪美奐的樓房相輝映的，是一棵棵雲冠葱葱的百年大樹、一片片綠茵茵的茸茸草地，以及靜靜流淌的彎彎河流。

站在巨大的尖形拱門前，翔千的腦海裏閃現出了約翰．歐文這個名字。在報考曼徹斯特大學的時候，他去圖書館查閱過好多資料，知道這所大學是約翰．歐文這個紡織業的商人，在一八五一年投資了九萬六千九百四十二元英鎊建造起來的。創造出財富而不獨自享用，投入公益事業培養人才，讓全社會共同分享財富，這是多麼博大的胸懷，又是多麼美妙的人生安排啊！

與翔千熟悉的大同、震旦這些大學不一樣，曼徹斯特大學是開放式的，沒有高高的圍牆，沒有森嚴的門崗。它的教學方式也是翔千非常陌生的。在上海的學校裏，上課鈴聲一響，學生就開始做「乖乖仔」，那是老師的天下。在這裏，課堂是老師和學生互動的舞台，老師總是想方設法調動學生的情緒，鼓勵學生發表自己的看法。那些外國學生也好像表現慾特別強，老師一個提問，他們一個個舉起手，活像一片小樹林。說實話，翔千起先很不習慣這種教學方式，只是不想在課堂上太顯眼、太另類，這才「跟風」舉起了手。幾次三番之後，他也開始適應了，老師點到自己名字的時候，他不再像早先那樣臉紅耳赤、手足無措了。

在翔千的課程表上，有英國地理、英國歷史、英國文學，甚至還有英國貴族的文化禮儀課程，比如騎馬、用餐、打高爾夫球等。雖然這些課程與紡織專業似乎沒多大關係，但是它們使翔千了解並喜歡上了歐美文化，使他的品位、修養、學識和思維方式出現了深刻的變化，打上了英國紳士的深深烙印，並永遠地成為他生命中的一部分。

在曼徹斯特大學，教室只是課堂的一部分，老師時常把學生帶到社會上。翔千就曾經跟隨老師去過如天上白雲般的棉田，去過機器轟鳴的棉紡織廠，去過舊火車站改建的博物館……正是這些開放式課程，打開了翔千的視野，豐富了他的知識面。翔千了解到，原來英國並不生產棉花，棉花在英國是個舶來品。在英文裏，Cotton 一詞，以前並沒有「棉花」的意思，而是指一種很粗糙的呢絨製品。棉花是在中世紀從印度流入地中海繼而傳人英國的。曼徹斯特屬於海洋性氣候，這裏既沒有嚴寒，也不會暴熱，雖說很少見到傾盆大雨，可三日兩頭陰雨綿綿，一天下二三場雨是尋常事兒，下下停停，滴滴答答的，因而被人稱為「雨城」。這樣的天氣固然令人生厭，但棉花卻非常喜歡。十八世紀開始的工業革命，使曼徹斯特從一個小鎮變身為「紡織之都」，成為英國數一數二的大城市。艾威爾河畔煙囪林立，濃煙漫天，紡織廠如雨後春筍般湧現，生產的呢絨、氈帽和粗棉布銷往世界各地。

在曼徹斯特，至今還豎有一座青銅器雕像，那是一個身材健美的紡織女工，她的身後是一座紡織廠舊址。女工深情地回望着身後古老的建築，似乎在緬懷這座城市昔日的輝煌。

在曼城博物館紡織廳，從哈格里夫斯的珍妮紡紗機，到托馬斯·海斯的水力紡紗機，還有瓦特的蒸汽紡紗機，翔千看了又看，流連忘返。先人真聰明呀！幾百年前他們就發明了這麼複雜的機器，通過這些機械不停的旋轉，使白花花的棉球一步一步變成了布匹，使細長的針線自動編織出襪子、手套、圍巾……

在去英國留學前，翔千曾經擔心自己會因為語言障礙而拖累了學業。但一段時間之後，他發現課程表上的必修課和選修課，自己應付起來綽綽有餘。只是課餘時間各種派對、聚餐、活動，要佔去大量的時間。與翔千睡在同一套公寓裏的蔡保乾，是各種派對的活躍分子，還經常要拖上翔千一起參加。

翔千是個信奉中庸之道的人，很少會拒人於千里之外，所以只要時間上沒有衝突，他總會換好衣服繫好領帶，去參加派對。人總是這樣，「一回生，二回熟」，彼此一熟也就熱絡起來了。漸漸地，翔千發現，自己從當初不好意思推辭，變得不想去推辭了——會會老朋友，見見新朋友，也是「其樂融融」的事情。對於自己這個變化，翔千也感到很有意思，並從中悟出一個道理：在這個世界上，沒有甚麼是不可以改變的。生活可以改變，人也是可以改變的。

在結束了曼徹斯特大學紡織專業的學習之後，翔千到渣打銀行實習了一段短時間。之後，他離開倫敦，坐船到美國芝加哥，進入伊利諾伊州大學攻讀經濟學碩士學位。

在美國伊利諾伊大學開學第一天，老師把一枚校徽給了翔千。翔千細細察看，發現這校徽特別得很，上面鐫刻着犁、錘子和鐵砧，就好像是某個勞動者社團的LOGO，看不出有甚麼書卷氣。翔千從老師那裏得知，自第一任校長格利高里開始，七八十年來，伊利諾伊大學一直營造一種校園文化：為公眾服務。

在這裏，大學不是封閉起來的象牙塔，大學生也不是高人一等的天之驕子。大學與社會就像連體嬰兒，你中有我，我中有你。作為這裏的學生，進入社區，進入企業，絕不是掛在嘴上的漂亮辭藻，而是平日裏身體力行的事情。

當時，戰爭的硝煙剛剛散去，大街上不時可以看到從前線歸來的軍人。為了幫助這些軍人盡快融入社會，伊利諾伊大學向他們敞開了大門。這些小伙子文化底子薄，要消化一本本像磚頭那樣厚的書談何容易。於是，翔千這樣的學生就多了項任務：與退伍兵結成對子，為他們解疑釋惑，做義務輔導老師。

通過「為公眾服務」，翔千對太平洋彼岸的這個國家有了更多的了解。走進美國社區，他常常感到似乎進入了格林筆下的童話世界。映入眼簾的是一排排優雅美觀、造型別致的別墅，前後空地上種了許多花卉樹木。這裏沒有城市的喧囂，沒有車水馬龍，只有鳥語花香。透過玻璃門和玻璃窗，美國家庭所展示的一切，活像「賣火柴的小女孩」的夢幻世界。屋裏大都有一個大壁爐，暖烘烘的；桌上鋪着雪白的枱布，擺着精緻的盤子和碗，烤鵝正冒着香氣。柔和的燈光下，一家老少有說有笑，其樂融融。

觸景生情，翔千經常會想到自己的故鄉。在大洋的對岸，在所謂的「東方巴黎」，還有許許多多的人在為吃飽穿暖而發愁，還有許許多多家庭擠在亭子間、閣樓裏，三五口人甚至七八個人齊居一室，生爐子、倒馬桶是每天必須做的「常規動作」。上海尚且如此，其他地方就更不用說了。與美國相比較，中國太落後了！

一九五〇年，翔千完成學業，離開了伊利諾伊大學，踏上歸途。

第五章

終身姻緣

唐翔千夫婦與幼年的唐英年

訂下美好姻緣

在離開故鄉三年之後，翔千從美國回來了。

雖然身在大洋彼岸，但翔千的心早已飛到了家鄉，飛到了親人身邊。當他在廣播裏聽到新中國成立的消息時，熱淚盈眶，熱血澎湃，他為一個舊王朝的垮台而額手稱慶，也為一個新時代的到來而充滿期待。

他在給父親的信中寫道：

學業初成，幾經歷練，然倦鳥思歸。兒遠翔千里，終覺故土情深，時下國家振興有望、民眾幸福可期，正是男兒一展身手、報效家國之際，兒當胼手胝足，竭盡全力，不負家族勃興、濟世安邦之志。

唐君遠又何嘗不想念遠在千萬里之外的兒子？眼看着自己已到了知天命之年，精力大不如從前了，真盼着能有後生站出來，為自己擋一擋風雨，而兒子翔千就是這樣的不二人選。

不過，唐君遠總覺得翔千要挑起這副擔子，在生意場上還需要浸淫歷煉，特別是在商務貿易方面。這一類企業的業務流程和關節點，翔千至今還是個空白。為此，他又想到了信昌洋行，想讓翔千去那裏鍛煉一下。在與信昌洋行總經理麥克商量後，他寫信告訴翔千，先不要忙着回到上海，到信昌洋行香港代表處去工作一段時間。他把翔千託付給在那裏工作的無錫同鄉——尤寅照。

翔千完全理解父親的良苦用心，所以接信後便直奔香港。他當然不會想到，這一段工作經歷，竟會促成自己的終身姻緣。

尤寅照一見到翔千就頗有好感，他覺得這個小伙子滿肚子學問，談吐不凡；待人彬彬有禮，頗有紳士風度；做貿易極有悟性，稍稍指點就能夠舉一反三。他看出翔千不是個尋常之輩，絕非那種銀樣蠟槍頭的公子哥兒。良好的「第一感覺」，再加上無錫老鄉的囑託，尤寅照對翔千十分照顧。

在尤寅照手下，有五六個像翔千這般年紀的年輕人。一天，尤寅照對大家說：「你們星期天也沒有甚麼地方可以去，就來我家裏吃飯吧。」

眾人欣然應諾。

尤寅照住在香港島的北角。北角位於港島東的區域，是個住宅區，建有不少高級的新型樓宇。在一九四〇年代末，由於大批上海新移民的湧入，這裏被人稱為「小上海」。

因為是星期天，所以翔千不似平日那樣西裝革履，他穿得很休閒、很隨意，上身一件淺灰色的茄克衫，下面穿一條藏青色的緊身褲，襯托出身材修長的優點。在公司年輕人裏面，除翔千以外，其他人都是廣東人，長得比較矮小，這使得翔千頗有些鶴立雞群。

尤寅照的女兒尤淑圻，這位上海交通大學的高材生，一見到翔千就生出幾分喜歡，心頭如同鹿撞。「他一直笑瞇瞇的，風度翩翩，很有書生氣，人也很秀氣。」尤淑圻曾對她的表姐，也是她的閨中密友尤嘉說起最初看到翔千時的感受。尤嘉，一九六〇年代上海著名演員，曾出演過《大李老李和小李》等多部電影，見多識廣，尤淑圻一有心事便會找她傾訴。

而翔千第一眼見到尤淑圻，也被這位面容清秀、身材姣好、性格開朗、舉止端莊的女孩吸引住了。

那天，淑圻的兄弟姐妹都在家裏，年青人圍坐在一起，開開心心地說說話、聊聊天，十分輕鬆、隨意。飯後，淑圻與翔千還擺起了象棋。

不知道是不是故意的，反正那天翔千總是輸棋，連着下了三五局，局局一邊倒輸給淑圻。後來，淑圻乾脆讓他一個車，依然把翔千「將」得走投無路。尤寅照在一旁看了，大笑道：「呵呵，文秀才遇到女將軍了。」他知道女兒的棋藝確實不差，因為她經常拉着自己下象棋。

「慚愧，慚愧！」翔千站起身子，臉上還是笑瞇瞇的。

「你這是故意讓我吧？」淑圻笑着為翔千解圍，「下一次可要拿出真本事喲！」

此後，翔千每個禮拜都往北角趕，因為他在尤家感受到了家庭的溫暖。

一晃，半年過去了。這天，淑圻在飯後照例擺好了車馬炮，翔千收起棋子對她說：「我們兩個人出去走走吧。」

淑圻回答：「好啊。」

一九五〇年代初的香港，可供娛樂消遣的地方並不多，但對於兩個心心相印的年輕人來說，能夠手拉着手呆在一起，這就足夠了，這就是天堂！

那一年，淑圻二十二歲，翔千二十七歲，正是談婚論嫁的年齡。他們決定先訂婚，把這門親事定下來。翔千寫信徵求父母的意見，唐君遠夫婦聞訊大喜，因遠在上海無法前來，於是只得委託翔千在廣州的八叔作為唐家全權代表。八叔帶給了淑圻一塊勞力士手錶，以及一枚戒指，作為男方的訂婚信物。翔千也收到了女方贈與的手錶和一枚翡翠圖章。兩家人在炮台山一家餐館叫了幾個菜，喝光了一瓶紅酒，就算是訂婚了。

就在兩人你恩我愛、難分難捨的時候，唐君遠發來了一封電報，要翔千盡快趕回上海——他費了九牛二虎之力，為兒子在中國實業銀行謀到了一個位子。

到銀行「跑外匯」

中國實業銀行是中國近代華商銀行中的佼佼者。這家銀行的創辦人，是袁世凱當政時期的財政總長周學熙，董事都是從晚清政壇上退下來的大官僚。

由於得到北洋政府的支持，實業銀行成立不久就獲得了鈔票發行權，業務蒸蒸日上，到了南京國民政府時期，已經成為中國四大銀行之一。銀行總部最早設在天津，一九三〇年代時因中國政治重心南移，上海的經濟、金融中心優勢日趨凸顯，於是將總部遷往上海。

唐翔千進中國實業銀行的時候，共產黨領導的人民政府已成為銀行最大的股東，銀行原有的百分之四十一點七官股，被轉移到了新政權的名下。銀行人事部門考慮到翔千的教育背景，安排他到外匯部門工作。

做外匯業務，除了要了解行情高拋低吸，大部分時間也是做「跑街先生」。翔千十分樂意與客戶交往，既可以了解情況，也可以在客戶需要的時候提供一些信息，增加彼此的感情。一些資金雄厚的大戶人家，翔千差不多每天都會登門拜訪。客戶如果遇到特殊困難，他會根據銀行頭寸，結合運用證券、信託等手段，提供一攬子解決方案，幫助他們渡過難關。

未幾，翔千就被派往香港分行任職。

在左派銀行任職

一九五〇年代初期的香港，左派勢力十分活躍，左派電影公司有長城、鳳凰、新聯，左派報紙有《華商報》《文匯報》《大公報》，左派工會更如雨後春筍數不勝數。

這些被港人叫作「老左」「左仔」「土共」的親中機構，與內地新政權都有着或多或少的聯繫。

中國實業銀行就是地地道道的左派銀行。

每天上班，大家做的第一件事情是政治學習，坐在一起讀報、讀文件，讀毛澤東、劉少奇等領導人的文章。從八點開始，一直學習討論到九點鐘，整整一個小時。天天如此，雷打不動。而且這裏的職員多少要參與內地的政治運動；在「三反」、「五反」運動中，大家照樣揪「大老虎」、「小老虎」，一點也不含糊……

因為年紀輕，歷史上沒有甚麼污點，所以一次次政治運動並沒有對翔千造成甚麼傷害，他扮演着一個「看客」的角色，被動接受這一套陌生的政治儀式。他的興趣在業務上。經營外匯，同樣少不了吸存、放貸這些環節，多年的銀行歷練已使他駕輕就熟，所不同的是必須掌握外匯牌價，注意倫敦、紐約、巴黎的外匯交易信息。好在留學三年讓他過了「語言關」，看看外國報紙或者聽聽外語廣播，已經不再有甚麼障礙。

中國實業銀行香港辦事處位於灣仔，翔千住的地方是離辦公室不遠的銀行宿舍。這是一幢三層樓的建築，翔千住的是二樓，約二百平方英尺的房間，放着兩張雙層床，住三個人。翔千睡在上鋪，躺在床上可以看到窗戶對面的香港殯儀館。

住在殯儀館對面，翔千倒也沒覺得怎麼晦氣，反正只是暫棲之地。有時候，他望着進出殯儀館那一撥撥一身縞素、嚎啕大哭的人群，端詳着那直指雲天的煙囪吐出的縷縷青煙，會久久陷入沉思：人生苦短，幾十個春秋之後，終不免變成一縷青煙、一抔黃土。只有為社會謀取福祉，為國家建立功勳，為家族光宗耀祖，才不枉來這世界一遭。

翔千留在宿舍裏的時間並不多，三日兩頭要出去和淑圻約會，商量些婚宴、租房之類的事情，或者去百貨公司買一些櫥櫃、床上用品——在雙方父母的催促下，舉行婚禮的日子已越來越近了！

瓢潑大雨中舉行婚禮

一九五一年十一月十一日，瓢潑大雨從早上一直下到晚上，沒有一點止息的意思。香港中環，畢打街。富麗堂皇的香港大酒店裏，一對新人正在舉行婚禮。

這是一場西式婚禮，有證婚人，有戒童、花童，吃西式大餐，還有舞池樂隊。大廳裏擺了十幾桌酒宴。

翔千與淑圻站在大廳門口，迎接着冒雨而來的親朋好友。翔千有點兒緊張，只是表面上故作鎮靜：一百多位賓客，唐家面上竟只有八叔一個人！一條邊境線，把家裏人硬生生地攔在了羅湖另一邊！

翔千穿着一套深色西裝，腳下是一雙擦得發亮的皮鞋，剛剛理過的頭髮上打了些蠟，梳得紋絲不亂。身邊的淑圻一襲白色婚紗，捧着粉紅色玫瑰，滿臉緋紅，神情喜悅。

婚禮開始了。在莊嚴的結婚進行曲中，淑圻挽着父親尤寅照的胳膊走向翔千，新郎緩緩為新娘揭開面紗，兩人擁抱、親吻，許下終生相守的山盟海誓，接過結婚證書蓋上私章，繼而交換戒指。

結婚儀式完畢後，眾人陸續進入餐廳。稍稍喝了幾口啤酒，夾了幾筷開胃小菜後，舞曲響起來了。司儀提高了聲音：「香港大酒店有全港最好的舞池，下面有請新郎新娘跳第一支舞——first dance，以謝諸位來賓。」

司儀話音未落，翔千頭上的汗已冒出來了。雖然留學多年，學了不少西方上流社會的禮儀，唯獨跳舞是他最為發憷的。在舉行同學派對時，也曾有女孩主動走到他面

01, 02——唐翔千與尤淑圻的婚照

前，願意一邊跳一邊教他，可翔千這方面似乎少了一根筋，再怎麼教也學不會。

「這下糟糕了，在舞池裏，我都不知道腳往哪兒放。」翔千輕輕對淑圻說——他只有向她「討救兵」了。

淑圻一愣，她知道翔千不喜歡跳舞，卻不知道他連應付一下都有困難。自認識翔千以來，還是第一次見他如此緊張，兩手相握，她能感覺到翔千的掌心已經沁出汗來。

「不要慌，我來想辦法。」淑圻一邊安慰翔千，一邊在心裏盤算着。突然，她想到了一個主意，「我找八叔救場。」

真是「說到曹操，曹操就到」，淑圻話才出口，但見八叔正笑呵呵地朝自己走來。

在這之前，淑圻並不知道八叔是否會跳舞，但她根據八叔開朗的性格和時髦的做派，斷定八叔應該會跳三步四步，也一定樂意出馬解內侄之困。果然，當八叔知道翔千難處之後，欣欣然站上舞池，朗聲說道：「眾位親朋好友，今日是翔千與淑圻大喜之日，按我們無錫人的風俗，男方是要派迎親彩轎來接新娘子的。如今是西式婚禮，不講究這一套了，但我還是想代表唐氏家族，代表新郎倌，邀請新娘子跳一支舞，表示我們唐家人對這門親事的滿心的歡喜，表示我們對新媳婦的歡迎！」

八叔的話引來了眾人的掌聲，他隨後走到淑圻面前，欠了欠身，邀請她進入舞池。追光燈下，兩個人翩翩起舞。八叔的舞姿莊重典雅，舞步嫻熟規範，頗有紳士風度；淑圻則跳得活潑爽朗、熱情奔放，給人以朝氣蓬勃的感覺。

這天晚上，翔千體驗到了一種從未有過的喜悅和放鬆，他盡情地享受着兩情相悅帶來的滿足感。他本是一個自制力極強的人，但在婚慶大典上卻不想約束自己，他開懷暢飲，對所有勸酒的人來者不拒。他明白，在童話般的婚禮背後，是人生的重大轉折，是男兒更多的責任與擔當。

初為人父

婚後，翔千和淑圻在紅磡附近的寶來街租了一套房子。淑圻花六十元錢僱了一個保姆，幫着買菜燒飯、洗衣掃地做做家務活。那時，翔千一個月薪水有六百多元，在大部分打工階層一天只能賺二三元的情況下，翔千一家的生活水平，在中產階層中算是不錯了。

婚後一年，他們就迎來了第一個兒子。淑圻生產當天還正是天文台發出九號颶風訊號的日子，可以想見有多狼狽！

一九五二年九月六日晚上，翔千在狂風大雨下電召了一部的士送淑圻往養和醫院。凌晨時分，淑圻生下了一個胖乎乎的男嬰。在產房門外焦躁不安的翔千，輕輕吐出一口氣，心裏像落下一塊石頭。

翔千當天就給遠在上海的父親打去電話報喜，唐君遠聽說頭胎是孫子，高興得笑出聲來。在無錫，不論是城裏還是鄉下，生兒子都是一件大事，長子誕下長孫更是天大的喜事！還在兒媳婦懷孕的時候，唐君遠就已經想好了，「千字輩」接下來是「年字輩」，如果是男孩就取名英年，他希望自己的長孫是一個智慧過人的英才。

小英年的誕生，讓翔千體驗到了初為人父的無窮樂趣。每天，他下班後先趕回家裏，匆匆扒幾口飯菜填飽肚子，接着從岳母手中接過裝菜盛飯的盒子直奔醫院，帶上雞湯、火腿給太太補補身子。服侍淑圻吃好飯之後，他總要抱起小英年吻吻他的臉，或者在太太給孩子餵奶時捋捋他的小手。這是他一天中最開心的時刻。

第六章

創業維艱

1950 年代的唐翔千與夫人尤淑圻

回歸紡織業

就在翔千盡情地享受天倫之樂時，他在銀行裏遇到了麻煩。他怎麼也沒想到，這麻煩竟緣於香港大酒店的那場婚禮。

原先，翔千和銀行裏的小青年都像朋友一樣，工作中碰到甚麼問題，只要打一聲招呼，他們都會搶着來幫你忙；下班了，你邀我，我請你，聚在一起喝酒說說笑笑。現在，甚麼都變了。那場婚禮暴露了翔千的「小開」身份，出席婚禮的許多嘉賓是香港紡織界的「大佬」，是腰纏萬貫的資本家，這使翔千成了左派勢力的「眼中釘」，他們痛恨「資產階級」進而討厭其後代。結果，翔千周圍的一張張笑臉不見了，上面都好像抹了一層「冰霜」。

對此，翔千最初是不解，繼而是鬱悶。走進銀行已如同走進地獄，四周寒氣逼人，而不再有一絲一毫的樂趣。

翔千想到了離開。

擺在翔千面前的路，有這麼幾條：第一條路，另外去找一家單位，比如銀行、貿易行或者其他機構，從頭做起；第二條路，回國，回到父母身邊，幫助父親打理家族企業；第三條路，創業，在香港闖出屬於自己的天地。他冥思苦想，反復權衡：第一種選擇，自己一點也不喜歡，即使謀得高位、拿到高薪，也沒有多大興趣；第二種選擇也不妥當，畢竟老婆孩子包括淑圻全家都在香港，怎麼能說走就走呢？於是，他將目標鎖定在第三種選擇——在香港創業，做唐家幾代人都從事的行當：紡織業。

選擇紡織行業，不是翔千心血來潮作出的決定。

也許是家族的基因，也許是父輩們言傳身教，翔千對房地產、股市這些「賺快錢」的行當，實在沒有甚麼興趣。在他的心目中，只有辦實業才是正道，才能在利己的同時又利國利民。

翔千發現，進入紡織業，他具有「天時、地利、人和」三方面有利條件：

在一場死傷近二億人口的世界大戰之後，人們終於盼來了久違的和平，幾年時間的休養生息之後，香港的元氣一點點恢復了，市場一天天興旺了。「衣、食、住、行」，在任何時代都是人類的第一需要。所以，英國的工業革命從「穿衣」——紡織業開始，上海二三十年代經濟的起飛，領跑的也是紡織業。在解決了吃飯問題以後，「穿衣」成了普羅大眾更為關注的事情，不僅要穿得體面，而且要穿得漂亮。香港是如此，中國也是如此，整個世界又何嘗不是如此？這個市場，說它多大就有多大，別說一個公司，就是一千個公司、一萬個公司，都做不過來！這就是「天時」。

講到「地利」，香港的優勢就更明顯了。從一九四七年始，英國重新給予香港「聯邦特惠稅」待遇，取消了物價、出口等方面的管制，恢復了香港自由港的地位，刺激了香港製造業的恢復和發展。與此同時，由於中國內戰的爆發，以及對於「共產」的害怕，不少有錢人扶老攜幼逃到香港。一九四五年抗戰勝利時，香港人口僅有六十萬，到一九五二年已經增加到二百二十萬人。上海、天津等大城市的資金紛紛流入香港。據估計，從一九四六年至一九五〇年，從內地流入香港的黃金、外幣、有價證券等，大約有五億美元。資金的大量流入，為香港經濟輸入了它所急需的血液，極大地推動了香港經濟的發展，令香港紡織業從小到大成為支柱產業。那時，香港紡織業走的是從海外大量進口棉花，加工成紡織品，然後銷往英、美、澳大利亞及東南亞等地的路子。這種出口導向型工業模式，適應了香港地域狹小、資源缺乏的特點，因此具有很強的生命力。一九四七年香港才建起第一家棉紗廠，到了一九五〇年，全港從事紡紗、織布、印染、針織、製衣的大小工廠已超過一千家，僱用工人超過五萬人，佔整個製造業僱員的百分之三十。

在「人和」方面，翔千的優勢也十分明顯。抗戰勝利後，江浙滬一帶有許多從事紡織業的老闆，曾從英美等西方國家訂購了大批紡紗、漂染、織布、針織等設備，準備大展拳腳大幹一場，由於爆發了國共內戰，這批機器被轉運到了香港，並從上海調派了成千上萬的管理人員、技術人才和一線工人。據統計，當時佔香港總人口不到百分之四的上海人（香港人將江浙滬一帶的移民通稱為「上海人」），擁有香港棉紡工業近百分之八十的份額。這些上海人中，翔千有不少朋友。何況，唐家對香港也並不陌生。鑒於蔣氏政權的腐敗，唐君遠曾經打算把實業轉移到香港。後來因為翔千祖父唐驤廷不願意離開上海，嫌香港地域太偏、條件太差，唐君遠方才作罷。他雖然把廠房退了、機器賣了，但那些先期到達的管理人才、技術人才，有一部分卻留了下來。

不過，儘管有此「天時、地利、人和」，但真的要走出這一步，翔千還是猶豫再三。他知道，創業是條不歸路，曲曲折折、荊棘叢生，不可預測的因素太多了。為此，他好幾個晚上徘徊在梳士巴利道，思前想後，權衡利弊。看着星空下的維多利亞海灣，心裏就像那起起伏伏的大海一樣，怎麼也平靜不下來。

好友相助共同創業

這天，翔千在燈下給父親寫了一封信，表達了自己創業的意願。臨睡前，他又對淑圻和盤托出心中的想法。

「放手去做吧！我們大不了勒緊褲帶過日子。俗話說，不入虎穴，焉得虎子。不吃苦中苦，怎麼可能做人上人呢？」淑圻畢竟是知識女性，見多識廣。「何況，創業辦公司，現在也正是時候。這幾天，報紙上老是介紹榮家那幾個後生——榮鴻元、榮鴻三、榮鴻慶、榮爾仁、榮研仁，他們辦紗廠都做得有聲有色。」

翔千也注意到了這方面的報道，知道榮氏家族最近頻頻出手，與著名實業家王堯臣次子王雲程等人合作，在香港創辦了大元紗廠、南洋紗廠。他們不但有先見之明，而且財力雄厚，富有商貿經驗，公司一開張便引來滿堂彩聲，令翔千羨慕不已。

「你不是有兩個好朋友安子介、周文軒嗎？」淑圻提醒翔千，「你怎麼不去和他們商量商量？他們也都是這個行當裏的能人呀！」

其實，翔千何嘗沒有想過這兩位好朋友，只是因為覺得時機還不成熟，所以一直沒有向他們透底，惟恐將來落下笑柄。淑圻這番話，像是在他背上猛擊一掌，促使他痛下決心，第二天就去找到周文軒、安子介——既然都是好朋友，何必要瞞瞞藏藏那麼多顧慮呢？

周文軒，蘇州人，一九二二年出生，比翔千年長兩歲。讀中學時遭遇日軍侵華戰爭，被迫放棄學業，到上海一家染廠當化驗生。後來，與幾個志同道合的朋友，開了一家弄堂小廠，專門生產縫衣車針。一九四七年，二十六歲的周文軒帶着妻子從上海來到香港。因為懂染廠技術，又有一些資金，於一九四八年與安子介合夥開設了華南染廠。周氏後來成為香港著名的實業家，被港府委任為太平紳士。周文軒在生意上的成功，與其源源不斷的創造力分不開。最為人津津樂道的是，現時大受市場歡迎的快餐食品「即食麵」，便是周文軒看到香港人生活節奏太快而開發出來的，周氏因此贏得了「公仔麵大王」的稱號。

唐翔千剛到香港的那段時間，曾住在周文軒家中。在周家，翔千遇到了同樣講上海話的上海幫，更遇到了上海幫中的紡織幫。在滿耳朵都是廣東話「唔該」「邊度」「佢地」的語境裏，遇到上海人、說說上海話，即使再不熟悉的人，也一下子親近了好多。平時，周文軒對翔千說得最多的一句話就是：翔千，你出身紡織世家，在香港不入這一行，可惜了！你要是願意，我全力幫你！

安子介，浙江定海人，一九一二年出生於上海，從小受過良好的教育，在經濟學和語言文字學方面極有造詣。他一九三八年來香港，在一家進出口商行工作，後結識周文軒，開辦了華南染廠，自己做董事長，周文軒做總經理。翔千與安子介，是在周文軒家中認識的。

這兩位朋友，在生意場上都是一把好手，他們的觸鬚遍及紡織業各個領域。翔千知道，周氏、安氏都是少有的商界精英，他們一定會提供有價值的建議。

翔千先找了安子介，安子介聽後哈哈大笑。

「翔千，我早料到你會自己做老闆的。依我看，你可以先接手一家小廠，試一試找點感覺——經驗最重要。我剛開始時，對紡織僅知皮毛，幾年幹下來，才知道織一匹布要用多少棉紗，才明白一經一緯是平布，經細緯粗是府綢，三經一緯是斜紋，四經一緯是緞子。這些秘密，同樣吃這碗飯的人是不肯告訴你的，要靠自己一點一點摸索。而且，做老闆一定要吃得起苦。我與文軒兄在青山道建華南染廠時，經常遇到斷水，而染廠偏偏需要大量用水，是吃水大戶，我們只好到山上用泵抽水。理想很美，創業很苦！不過，經驗告訴我，沒有過不去的坎。哪怕遇到再惡劣的環境、碰到再煩人的困難，硬硬頭皮咬咬牙也就過去了！」

翔千不住地點頭——真是金玉良言！

第二天，翔千吃過晚飯，正準備出門去周文軒那兒，卻見他興沖沖地出現在門口。

「嘿！文軒，我正要去找你呢！」翔千喜出望外。

「子介已經把你的想法告訴我了。」周文軒快人快語，「今天，我給你帶來了一個好消息！」

原來，在啟德機場附近有一家五洲布廠，規模不大，僅一百零四台布機，這些年經營每況愈下，負債纍纍，正急着尋找下家，只要拿出幾萬元，就可以租下所有的機器和廠房。

翔千是個明白人，他知道被周文軒看好的項目，不會有太大的問題。考慮到投資畢竟有風險，何況自己不折不扣是個新手——第一次自立門戶做老闆，第一次紡紗織布做實業，為此翔千打算採用一個辦法：借力，幾個人一起合夥做。一個好漢三個幫，一個籬笆三個樁。一個人的智慧總是有限的，要成就一項事業，單打獨鬥是做不出甚麼名堂的。而且，抱團投資還可以分散風險，萬一失敗了，也用不着自己一個人扛下來。

讓翔千意外的是，周文軒竟與他的想法不謀而合，真所謂「英雄所見略同」！兩人商定，各出二萬五千元，周文軒再拖上兩個合夥人，湊滿十萬元投資款。付掉租金之後，餘下的作為流動資金。

初當老板

五洲布廠的辦公室，設在中環皇后大道三十七號。那是一座十分簡陋的舊式唐樓，樓高兩層，辦公室在二樓。房間很小，二百呎左右，放幾個辦公櫃，再擺兩張寫字枱，面對面坐下四個人，就已經擠得滿滿實實了。

之所以選擇這個地方，不但是貪其租金便宜，還因為交通十分方便，走幾步路就有電車和巴士站，出去辦點甚麼事情，或者約人上門談業務，都很容易解決。

在五洲布廠，翔千總是第一個上班，最後一個下班。他喜歡早早來到辦公室，把一個人關在辦公室裏，將一整天要做的事情梳理一下。等四個合夥人到齊後開一個碰頭會，把需要每個人分頭落實的事情明確一下。之後，翔千便直奔啟德機場的廠區。

雖說只是一家小廠，一百多台機器，八九十個工人，但從買進原材料，到把布匹銷售出去，與幾千人的大企業相比，當中的環節一個也少不了：價格談判、質量控制、機器維修、薪酬標準、市場營銷，等等。好在工人的招聘和管理，翔千沒費太大的心思。當初接手這個廠的時候，雙方就已經談妥：那些工人如果願意留下來的話，翔千「照單全收」。之所以作出這個承諾，是因為翔千事先去廠裏考察過，這些工人都是熟練工，用不着多加培訓，而且對工資要求也不高。

人力資源雖然沒有成為一個麻煩的問題，但如何熟悉業務，制定合理的工作流程，把成本一點點壓下去、把質量一步步提上去，這對翔千無疑是個挑戰。作為布廠的老闆和管理者，他必須熟悉白坯布每一個品種的特點，熟悉它們的工藝規格和質量要求，必須一眼就能夠識別它們的質量差異，區分優劣好壞。他還必須了解，為甚麼有的布結實，撕起來很費勁，有的布卻不是那麼回事；為甚麼有的布看上去很光潔，有的布卻會有很多棉結，等等。儘管出身紡織世家，但翔千大部分時間是在銀行裏做事，說到存款貸款做多做空他如數家珍，但管理一個紡織廠，知識的空白點就太多了——隔行如隔山哪！

最讓翔千費心的，還是銷售這一攤子事情。由於紡織業進入門檻比較低，市場的需求量又很大，因此新開辦的工廠就像雨後春筍一樣。翔千非常清楚，經濟學裏有個理論，叫作「供求定理」，意思是說供應商增多了，供應量大於需求量，商品價格一定會下降。香港眼下的情況正是如此，因為競爭激烈、供大於求，許多廠商打起了「價格戰」。幾個回合下來，價格一壓再壓降下去了，可產品的銷量並沒有多少增長。生產出來的商品賣不出去，這對任何一個企業都是致命的。五洲布廠原來的老闆，就是被堆得像山一樣高的滯銷產品壓垮的。

現在，這座山又壓在了翔千身上。

退一步海闊天空

接手五洲布廠以後，對於翔千來說，生活就像煉獄一樣，幾乎每一天都處在煎熬之中。他天天「泡」在廠裏，即使星期天也照樣上班，吃了午飯後才回家，每週工作六天半。

翔千一個人兼管生產和銷售，整天忙忙碌碌，疲於應付。儘管如此，由於銷售一直上不去，支出多收入少，財務上的窟窿越來越大。雖然有周文軒、安子介等人相助，但是他們各有自己一攤子事情，心有餘而力不足，何況五洲布廠是交由翔千打理的，再苦再累也只能自己扛起來。翔千身累心更累。他吃得很少，晚上睡不着，常常是天沒亮就起床，喝一杯牛奶、扒幾口泡飯，就匆匆趕去上班。這段日子他消瘦了整整十斤。他反復告誡自己，辦法總比困難多，死死撐下去，一定可以找到出路，否極泰來。

不久，他果真為白坯布找到了一條出路——銷往印度尼西亞。

看到同行飲鴆止渴、競相降價，翔千總覺得自相殘殺不是個辦法。他想到了《西遊記》，孫悟空每每遇到難纏的妖怪贏不下來，就會一個觔斗跳到圈子外面，或者獨個兒想想辦法，或者去搬個甚麼救兵。自己現在也碰到了麻煩，為甚麼不換個思路、換個對策呢？

就在他這麼想的時候，靈感突然像閃電一樣劃過腦海：為甚麼光盯着香港這個彈丸之地，盯着這二百多萬人口，只咬住這個市場不放呢？世界大着呢！順着這條思路，他想到了印尼。這是一個人口大國，有七八千萬人口，是香港的三四十倍！印尼的紡織業相當落後，這幾年才剛剛起步，市場需求是個天文數字。最重要的是，對於這片陌生的土地，自己有個得天獨厚的條件——父親有很多老關係在那兒，有穩定可靠的銷售渠道。

真是「退一步海闊天空」！跳出了原來的思維框框後，翔千的眼前出現了灑滿陽光的大道。

他很快就與父親的朋友接上了關係，把產品順順當當地打進了印尼市場。當時，印尼人喜歡一種純棉灰平紋的白坯布，翔千知道後二話不說開足馬力生產這種布。好消息很快傳了過來：貨品供不應求，尤其是六六四六、八四四八和九六四八這三種布，貨一到岸就被一搶而光。翔千心中更為歡喜的是，這幾種布由於售價比較高，所以利潤非常好。

這一年年底結賬的時候，賬面上的數字不禁使翔千心花怒放——賺了整整二十萬元，是十萬元投資額的百分之二百。

那天，翔千破了個例，五點不到就提前下班了。他手裏提着一瓶紅葡萄酒、一大包醬牛肉和半隻深井燒鵝，一進門就對淑圻喊道：「老婆，今天我們慶祝一下。」

淑圻已經很長時間沒見到丈夫這麼早回家了，更難得見到他滿臉燦爛笑容，不由得也笑臉盈盈地迎上前去：「甚麼事這麼高興呀？」

翔千也不言語，待淑圻擺好碗筷，一杯紅酒下肚，方才長長地舒了一口氣：「我們運氣真好，五洲布廠頭一年就賺了二十萬！」

「真的？」淑圻興奮得幾乎跳起來。

「沒想到吧？」

翔千呵呵地笑了。

那晚，兩人盡興暢飲，喝完了整整一瓶紅酒。

黯然退出

在翔千眼裏，創業這一關算是闖過來了，只要兢兢業業、堅持不懈，美好的未來已展現在自己面前。雖然廠子是租來的，但不管怎麼說，那也是一份事業呀！他希望先把這件事做實，然後再把企業做強、做大。

當翔千他們好不容易把工廠的生意拉上軌道，初見成績之時，五洲布廠原來的老闆見他們把工廠做得賺錢了，就來要把廠子收回去。

「豈有此理！天底下哪有這種事情?!太不講道理了吧?!」翔千氣得臉色煞白，但明白到此事顯然已沒有迴旋的餘地，他們已無力阻止這件事情的發生。

想到這一層，翔千已然調整好了心態：「文軒，既然別無選擇，那我們幾個股東商量一下，拿出一個退出方案。還有，我可以退出五洲布廠，可我不想退出這個行業，否則，對自己、對妻兒、對唐氏家族，我都無法交代。」

分別時，翔千拉着周文軒的手，一字一句地說：「我們一定要有自己的工廠！」

送走周文軒，當辦公室裏只有一個人時，翔千的淚水再也忍不住了，撲簌簌落滿衣襟。他想起了父親在日本人火燒無錫城時，依然守着那兒的工廠不離不棄，當時自己還不太理解，有點兒責怪父親太不把自己的性命當回事了。現在想明白了，那些工廠、那份事業，已經成為父親生命的一部分。毀掉了那份事業，對於他來說，活在這個世界上，還有甚麼意思呢？

這一夜，翔千輾轉反側，怎麼也沒辦法入睡。

不久，翔千拿到了一筆補償，徹徹底底退出了五洲布廠。

接手紗廠

當初忙忙碌碌的時候，只盼着有機會歇上三五天，天天能夠睡到自然醒。如今真的閒了下來，才發現這種日子真是寡淡無味。為排遣心中的鬱悶，翔千去維多利亞公園、虎豹別墅等風景點遊覽，去利舞台、百老匯等戲院看歐美影片，幫着淑圻侍弄些花花草草，但這些都提不起他半點興趣。

這天，翔千吃早飯時拿起《星島日報》翻看，一塊豆腐乾大小的文章引起了他的注意，標題是：李升伯拍賣紗廠。

李升伯，紹興上虞人，年輕時赴美攻讀紡織工程學，之後又到英、法、意、日等國考察。早年追隨中國棉紡織工業的開拓者和奠基者張謇，擔任南通大生紗廠總經理，將瀕臨破產的大型紡織廠經營得有聲有色。抗戰勝利後，擔任經緯紡織機械公司總經理。

一九四八年，李升伯移居香港。在此以前，經緯紡織機械公司向美國定購了一批價值二百六十萬美元的紡織機械工作母機，運抵香港後暫時存放倉庫裏。不久，朝鮮戰爭爆發，西方國家一再威脅要對中國實行貿易禁運。為了趕在制裁之前將機器搶運到內地，李升伯不惜一切代價，負債纍纍，以至於他在香港的幾家紡織廠相繼破產。

翔千在報上看到的，正是這幾家工廠中的一家，為償還債務，李升伯決定將其拍賣。這家紗廠，除了紡紗，也生產布匹，這次拍賣的是廠房以及二百台八成新的機器。

翔千放下報紙，決定去紗廠踏勘一番。

這家紗廠位於土瓜灣。翔千走進紗廠的時候，正值中午，車間裏見不到幾個工人，他們拿着碗筷，或坐或站地吃着午飯。廠房還算齊整，一排排的紡紗機和織布機也都拾掇得乾乾淨淨。

「請問這位師傅，這個廠子怎麼啦？人都到哪兒去啦？」翔千走到近前，詢問站在窗下的一位中年女工。

女工抬起頭看了看翔千，繼續扒着碗裏的飯，淡淡地說：「都回家歇着了，沒有生意。」

翔千細細打量着機器，說道：「這機器估摸着有八成新吧？這麼閒着，不可惜嗎？」

「是可惜啊，但有甚麼辦法呢？老闆欠了一屁股債，『頭寸』調不過來，『人工』也付不出了。光機器好有甚麼用？紡出來的紗，織出來的布，總得有人去賣呀！債主催得緊，老闆還債都顧不及，哪裏還顧得上機器？我們工人都快兩個月沒支薪了，再這麼下去，就怕白米飯都沒得吃了！」那女工越說越來氣，用手裏的筷子敲打着碗沿，聲音大了起來。

「阿芳，火氣不要這麼大嘛！老闆待我們還算不錯的。他不是說了嗎？廠子拍賣成功了，不會欠我們一分一毫，所以我們留下幫他照看機器。」邊上另一個女工拉了一下這個叫阿芳的衣角，打斷了她的話，「但願接盤的是一個好東家，能收留我們這些熟練工，讓我們安安穩穩地討口飯吃。」

翔千心裏有底了：這家廠的條件並不差，有廠房、有機器、有工人，只是眼下缺資金、缺渠道、缺好的產品。

回到家，他立即給父親寫信，把接手紗廠的想法和盤托出，他需要父親在資金、經驗等各方面給予支持。不久，翔千收到回信，唐君遠在信中寫道：

> 翔千吾兒，欣聞汝愈挫愈勇，不願言敗，只求東山再起，復創基業，吾深為寬慰。資金方面，可找信昌洋行 Gomersale 解決；經驗方面，雖鞭長莫及，然昔日吾之

得力下屬避險在港，汝可悉數用之。此事也當悉心求教於文軒世侄。凡事深思熟慮，萬勿草率行事。切記！

知道翔千準備接盤李升伯的紗廠，唐君遠着實高興了一陣子。生意場上最需要的是一種韌勁，一種勝不驕、敗不餒的精神。做過老闆的人都知道，企業不可能永遠是春天，既有乘風破浪的時候，也有風急浪高以至於觸礁翻船的時候。在這個世界上，多的是開順風船時忘乎所以，遇到挫折就一蹶不振的人，撞得頭破血流依然能一往無前的人，才是商場上真正的強者。成功和財富，也只青睞這些一次次跌倒又一次次爬起的人，青睞這些認準目標鍥而不捨的人。唐君遠原來擔心，作為一個富人家的孩子——尤其是百般寵愛的長子長孫——翔千一直養尊處優，吃好的，穿好的，耳朵裏聽到的也多是好話。在這種環境裏成長起來的人，最有可能得「軟骨病」，心靈脆弱得不行，碰到丁點事兒就手足無措、精神崩潰，趴在那裏再也起不來了。現在，可以大致做一個判斷了：翔千不是這種人。唐家的祖業後繼有人了！

唐君遠知道，現在翔千最需要的是資金，好在這方面自己已經預作安排。早在二十年前，唐君遠就與信昌洋行老闆 Gomersale 交厚，Gomersale 是英國紡織機器廠的中國代理，代理的是 Twedal & Smalley 和 Plat 兩個名牌。在中國紡織業崛起的一九三〇年代，許多實業家如唐君遠一樣，都通過他購買英國機器。Gomersale 跟唐家交情非同一般，上海淪陷時期，Gomersale 因為來不及撤離，被日軍抓捕投入大獄，遭到殘酷虐待。唐君遠不計生死，隔三差五攜錢糧探視，想方設法疏通關係，終於使之獲釋。這份情誼，Gomersale 銘記在心，視唐君遠為恩人，當初翔千負笈英倫，Gomersale 也幫了不少忙。鑒於與 Gomersale 的親密關係，在其出獄之後，唐君遠曾拿出一筆資金，買下了信昌洋行若干股份。

這筆錢現在派上用處了。唐君遠與 Gomersale 溝通後，遂寫信告訴翔千，可隨時隨地去信昌洋行取回股本，總金額折合港幣約一百八十萬元。此外，他悄悄地聯繫上遠走香江的那些老部下，希望他們出馬助翔千一臂之力。

誤中拍賣連環計

紗廠的拍賣如期舉行，李升伯並未參加，全權委託他的律師出面操作。

對於拍賣，翔千並不陌生，何況香港拍賣行採取的是英式拍賣制度。英式拍賣是我們在公開場合所見到的最熟悉的拍賣方式，在整個拍賣過程中，根據賣方意願，拍賣商會設定一個拍品的最低價，然後由眾多競投者舉牌喊價，或加價一千，或加價一萬，由低往高依次遞增，誰出價最高誰就是最後贏家。以這種方式拍賣，競投者很有可能會進入一個陷阱：因為你一口價他一口價而興奮莫名，結果報出的價格遠遠超出心理預期。這種現象被業內稱為「贏者詛咒」。

翔千在英國留學的時候，曾多次到拍賣行裏觀摩學習，那此起彼伏的叫價聲，拍賣師一槌定音的吆喝聲，至今記得清清楚楚。

李升伯紗廠的拍賣，分成三個環節，第一批開拍的是二百台布機，底價十五萬元。

隨着拍賣師一聲「開始」，有人舉起了牌子：

「十八萬！」

「二十萬！」翔千惟恐機器落入他人之手，急忙舉牌競價。

「二十三萬！」有人一下子加了三萬元。

翔千不甘落後：「二十五萬！」

「二十八萬！」對方似乎志在必得。

「三十萬！」翔千不動聲色，再次舉起了牌子。

其他競投者好像洩了氣的皮球，低下了頭。

全場一下子安靜下來，拍賣師看着眾人高聲喊道：

「三十萬一次，三十萬二次，三十萬三次——成交！」拍賣師重重地敲下了槌子。

前後不過十五分鐘，紗廠最值錢的東西已然到手，翔千心裏喜滋滋的：二百台機器才付出三十萬元，絕對是一樁划得來的買賣。這時，翔千真想撥通父親的電話，在第一時間與千里之外的父親分享這一份喜悅。

然而，翔千很快發現，自己掉進了李升伯設下的陷阱。

第二批拍品是機器上的零件，第三批是相關聯的一些設備，按理說，這兩批拍品的價格，不可能高到哪裏去，因為二百台布機的賣價擺在那兒。然而，令翔千大感意外的是，第二、第三批拍品，賣方開出的最低價是一百二十萬元。李升伯不愧為商場高手，他為這次拍賣定下的策略是「先低後高」：先做一個「局」，用低價把競投者吸引過來，在你「欣然」入局、退無可退的時候，再把第二、第三批拍品的價格推上去。這時，你已經沒有甚麼選擇了，只有咬着牙吞下苦蛋的份兒——如果放棄競投，已經投得的二百台機器就成了一堆廢鐵，三十萬元近乎於打了水漂。就像買下了熱水瓶，如果不買上瓶蓋，那瓶子能派甚麼用場呢？

當然，翔千也談不上吃甚麼大虧，只是沒有沾到甚麼便宜而已。對於這次拍賣，李升伯定下了最低目標和最高目標：最低目標是不要「流拍」。因為如果將拍品價格定得太高，那等於將接盤人拒之門外，這樣的結局無疑是最糟糕的，對自己絕對是個悲劇——機器一天天在折舊，債務一天天在加碼——多背一天債就要多付一天利息，最終，「利滾利」債務終會將自己壓垮；李升伯給拍賣定下的最高目標，是以市場定價賣掉這批東西。在商場上，一個債台高築的賣家，是沒有多少議價能力的，買方一般會將價格一壓再壓，因為他們知道你別無選擇，最後只能將東西「割肉」賣掉。李升伯希望自己不要成為刀俎上的魚肉，不要輸得太慘。鑒於這個最低目標和最高目標，所以三批拍品的價格，被他限定在一個雙方都可以接受的區間內。

拍賣的結果，固然無法使翔千志滿意得，甚至因為吃了一個暗虧還有些許懊惱，但在走出拍賣大廳時，他已經釋然了：一百五十萬元確乎貴了一些，但還是在預估範圍內。何況，這錢並沒有扔進維多利亞港，這些機器、這些廠房畢竟是自己的了！從此以後，自己的命運終於可以自己做主了！

想到這兒，翔千濃眉一揚，長長地吐了一口氣。

東山再起

雖然可以從新昌洋行拿到一百八十萬現金，但翔千還是採用老辦法：借力，夥同幾個朋友一起組織董事會，每人都投入一些錢。翔千的投資額佔股本百分之三十，擔任這家廠的總經理。董事會還決定，換下原來的招牌，將廠名改為華僑紗廠。

生活中，夢想與現實的距離，總是那麼的遙遠。當翔千雄心勃勃準備幹出一番名堂來的時候，突然發現自己陷進了可怕的事務堆，整天被各種雜七雜八的事情纏得分身乏術，苦不堪言。

雖然華僑紗廠原來的工人陸陸續續地回來了，但是管理人員、技術人員大多被同行挖走了。翔千既要管銷售又要管生產，只得沒日沒夜泡在廠裏，像個消防員四處「救火」。

就在他累得快趴下的時候，轉機出現了——父親的老部下華叔來了。

華叔接到了唐君遠的親筆信，之前，他已從報上看到了翔千買下新廠的消息，也知道翔千人才匱乏疲於奔命，決定聽從唐君遠的吩咐出手相助。

「像我這樣從上海來香港的，還有好幾個，有熟悉銷售渠道的，有熟悉生產管理的，有熟悉財務會計的，我們一起商議過，上半輩子跟着你爸爸打江山，下半輩子就交給你少東家了。」華叔望着翔千，一臉誠懇。

華叔的出現，使翔千先前籠罩在心上的那些煩惱，轉眼間消失得無影無蹤。

新的團隊的加盟，給華僑紗廠帶來了新的面貌：產品質量的提升，在業內贏得了良好的口碑，引來了一批又一批新客戶；銷售渠道的打開，使得貨物供不應求，紗廠必須日日加班。為此翔千只得在報上刊登招聘啟事。

當時，香港紡織業正處於快速發展時期，急需大量人手，可謂「工求人」。有句笑話說，只要你懂得拿起掃把，便會有人花錢聘請你。由於勞工市場缺口不小，業界推出了一種「養成工」制度，類似於上海周邊地區早年實行的「學徒制」。

在一九五〇年代，香港獨多三五十人的小型工廠。由於地價高昂，這些小型工廠大多設在工業大廈內，租用一兩個單位作為工場，以至於一座二十層左右的工業大廈內，會聚集起幾百家工廠。也有一些小型工廠分散在居民住宅區，或在山坡上搭建簡陋房舍，這類工廠被稱為「山寨廠」。

「小而活」是小型工廠的特點和優勢。香港的紡織品市場季節性強、款式多、變化快，一種款式只生產很少的數量、流行很短的時間，一般在市場上露一下臉就不再生產了，人們的注意力又轉向另一種全新的款式。這種生產特性，唯有小型工廠才能適應。這些小廠有「船小掉頭快」的優點，極具靈活性，能夠根據各個時期產品的成本和價格的變化快速轉產。一九五〇年代，在香港工業化大潮中，香港紡織業之所以能異軍突起，低成本是一個主要原因。在香港生產一件襯衫，其成本不僅低於台灣、韓國，甚至比菲律賓和泰國還要低。

正是在這種大背景下，華僑紗廠迎來了它的發展期，招進了不少「養成工」。這些「養成工」大多來自九龍寨城，一般要經過三個月的培訓，以了解不同部門、不同工序的不同要求。「養成工」培訓合格後便成為「車工」，獨力負責看管機器，工資實行「計件制」，按個人完成的工作量計算；如果願意加班的話，更可以賺取雙倍的薪酬；工廠還設有「勤工獎」，如果連續工作十五天，就有資格拿到「勤工獎」。廠裏還為工人晉升規定了一些條件，工作出色的「車工」可晉升為「指導員」，甚至可提拔為「管工」、「領班」或「工程師」，進入「高層領導」的行列。

招募了一批精兵強將之後，翔千輕鬆不少，把心思都放在了生產上，一方面抓產品質量，不讓一件次品流進市場；一方面加班加點，想方設法讓二百台布機二十四小時運轉。為此，他時常天蒙蒙亮就離開家門，月亮爬上了屋頂還在廠裏奔東忙西，有時候脫不開身乾脆就在辦公室和衣而睡。

眼看着華僑紗廠的財務報表越來越漂亮了，生產數、銷售額、利潤額多項指標不停地往上躥，翔千歡喜得睡夢裏也笑出了聲。無奈，命運又一次作弄了他，危機再一次無聲無息地悄悄襲來。

第七章

大展宏圖

1960 年代唐翔千的家庭合影

嘗到了小股東的身不由己

華僑紗廠的快速發展，引起了一個人的注意，他就是無錫榮氏家族的第二代傳人榮鴻元。

榮鴻元在解放前夕賣掉了上海的紗廠，將資金和一部分設備轉運至香港，隨後帶着家人離開了上海。到了香港之後，榮鴻元還是幹自己的老本行，開辦了大元紗廠。之後，榮家又不斷抽調資金，在香港新建了三家紗廠，榮家二房榮德生的次子榮爾仁，也南下來到香港。二戰後，最先落戶香港的華資紗廠共有六家，榮氏佔了其中四家。不過，榮鴻元的大元紗廠經營並不理想，因為使用的都是上海運來的舊設備，剛開張時還能風光一陣子，隨着維港兩岸新工廠越來越多，設備更新越來越快，大元紗廠老態畢現，最終敗下陣來。

失意潦倒之際，榮鴻元想到了華僑紗廠。他知道讓華僑廠起死回生的，是一個名叫唐翔千的同鄉，他在香港一前一後經營過兩家工廠，就好像有「點金術」似的，在他手裏都一下子擺脫了困境。

榮鴻元找到華僑紗廠，希望華僑出面收購大元，使自己的工廠可以交給唐翔千這個年輕人打理。由於翔千並不是華僑紗廠的大股東，所以沒有參與這次談判。當他知道這個消息時，華僑收購大元紗廠已是鐵一般的事情了。新組建的公司改稱香港華僑紡織品有限公司，從原先的二百多人擴展到四百餘人，儼然成了一家中等規模的紡織廠。

公司雖然做大了，但翔千沒有一絲一毫的欣喜，反而有一種身不由己的失落感。董事會希望他交出華僑廠的權柄，去大元紗廠當總經理，想辦法使它扭虧為盈重現生機。令翔千尤為不快的是，這個決定還附帶了一個十分苛刻的條件：不能帶走一兵一卒。

想想自己辛辛苦苦打下的江山，關鍵時刻卻沒法子作主，真所謂「共患難易，共富貴難」！翔千內心充滿悲哀，跳出是非圈子、自立門戶的念頭，又一次浮現了出來。

在商言商的遊戲規則

翔千的鬱悶與失意，周文軒看得一清二楚。週末，他特意約翔千出來吃吃飯談談心。

「翔千，對於華僑廠董事會這個決定，你沒有想到吧？」周文軒開門見山。

「吃辛吃苦換來這麼一個結果，真正是無話可說！」翔千長歎了一口氣。

「知道小股東是甚麼滋味了吧？」

「小股東的滋味很不好受啊！說到股份，當初真沒想得那麼多！大家都是朋友，喝酒時都搶着埋單，股份少一點多一點能有多大關係？誰知道……」

「一頓飯錢才幾十塊錢，誰會把它放在心上？可如果是幾萬、幾十萬甚至上百萬呢？就不可能這麼淡定了。你去管大元紗廠，公司賺進六位數、七位數的鈔票，是再正常不過的事情！」

翔千停下了手中的刀叉，憤然問道：「為了錢，就可以連朋友也不要了嗎？」

「在商言商嘛！康德的道德律令，只是一個軟約束。」

「你希望我忍氣吞聲、委曲求全？」翔千喝下一口酒，斷然答道：「我做不到。」

「我不是這個意思。」周文軒連連擺手，「我是說，他們並沒有違反遊戲規則。生意場上本就有各色各樣的人：最高境界，追求的是『商道』；稍微差一些的，講究的是『中規中矩』，在陽光下賺錢，損人利己的事，他們不會去做；再低一個層次的，就是『唯利是圖』了。『唯利是圖』雖然是個貶義詞，但這些人也有一個底線，就是違法亂紀的事不做；至於坑蒙拐騙、言而無信，那在生意場上屬於最低層次，與『最高境界』屬於兩個極端。一個人的手指有長有短，你怎麼能要求人家都像你那樣呢？」

「老兄說得也有道理！」

「我們生活的世界很現實，你既然人在商場，就要研究商場的規則，學會利用這一套規則。也只有這樣，才不會今天被人算計，明天又上了甚麼人的當，吃了虧只能打落牙齒往肚裏吞。說心裏話，你氣你惱的那些人，還沒有到下三濫的地步，他們只是非常聰明地運用了規則，而你卻缺了一點『規則意識』，當初討論董事會章程時，沒有一個字一個字地仔細琢磨。」

「經一事長一智，在同一個地方我絕不會跌倒兩次！」

「說得好！乾杯！」周文軒一口喝乾了杯中酒，「有一個機會，不知道你有沒有興趣？」

翔千笑道：「做生意不會嫌錢多，就只怕機會太少。」

「如果你不希望在華僑廠任人擺佈，不妨和我們兄弟倆一起幹。」

周文軒、周忠繼昆仲經營的華南染廠、永南布廠已經具有一定規模，他倆一直想把紡、織、染、成衣等聯結成一條完整的產品線，建立起一家集團公司。今天約翔千出來吃飯，就是想把這個話題議論一下。

「在華僑廠，你始終是小股東，受制於人。所以我勸你另起爐灶，辦一家新的紗廠——專門生產高級棉紗的工廠。」周文軒呷了一口酒，「資金方面，我出一半你出一半，我做董事長，你當總經理，具體事情你管。廠名我也想好了，叫中南紗廠。你看怎麼樣？」

關於紗廠問題，其實周文軒與翔千已探討過好多次，而且有一個共識：如果一味依賴外來的紗，隨時有可能遇到供應不足甚至斷貨的危險。也就是說，如果本地紗廠不能成為主要供應商，那麼，棉紡業老闆很難放膽擴展。因此，新開一家紗廠並將產品定位為高檔棉紗，無疑是上佳選擇。

「我聽你的，文軒兄！」翔千緊緊握住了周文軒的手。

翔千很感激周文軒。他知道周文軒既有公司產品線的考慮，也有為「拉自己一把」的考慮——周文軒肯定知道，自己心裏的那個「結」，只有用這種方法才能把它解開。

另起爐灶自立門戶

那次飯局之後，翔千雖然在華僑紗廠還掛着個名分，經營上的事情也少不了要出面對付一下，但他的心思已放在中南紗廠的籌建上。他與周氏兄弟一共出資一百五十萬，雙方各佔百分之五十股份。用這筆錢，翔千買來了三十台新布機，形成了六千個紗錠的規模，並聘用了二百多個工人。廠房選在荃灣，雖然上下班的路遠了不少，但租金比中心城區降低了好多。

翔千一如既往，依然每天第一個到廠，每晚最後一個離開。他喜歡到各個地方兜兜轉轉，和領班、技術人員、工人一起商量、琢磨，看看能不能把一些細節做得更好。定下了解決方案之後，還時常會十天半月後殺一個「回馬槍」，看看落實得怎麼樣，使得眾人不敢有絲毫懈怠。

「唐生對生產樣樣精通，每個問題都不放過，每個細節都要管，根本糊弄不了他。」有一次，一位與周文軒相熟的領班向他「歎苦經」，引得周文軒哈哈大笑：

「翔千就是這麼個人——身教重於言教！這也正是我最欣賞的。」

中南紗廠第一年就有了盈利，翔千於是與周氏兄弟商量增加紗錠，從六千錠增加到八千錠。原來租用的廠房，也已經不夠用了，新增加的機器和工人都需要地方，董事會決定自建廠房。

添設備、招工人、建廠房，每一樣都離不開錢，只是工廠運行才一年，即使有一些盈餘也屬於「小錢」，要解決這一攤子問題，翔千手裏的流動資金明顯不夠用。

這時，翔千又想到了「借力」——向銀行貸款。大凡把企業做到行業前三名的老闆，都是「借力」的高手，懂得利用別人手裏的錢，懂得槓桿帶來的好處。

在香港銀行業，翔千朋友多，口碑也好。當初在中國實業銀行做事時，經他手進出的錢絕對是個天文數字，筆筆有根有據，來去清清爽爽。自己開廠做生意後，也是有借有還，說好明天付錢就不會拖到後天。也正因為如此，只要翔千開口，銀行都會爽爽氣氣借錢給他。

翔千遂找到香港上海商業銀行的朋友，以機器和廠房做抵押，貸到了一百五十萬。之後，他又找到香港浙江興業銀行，貸了五十萬。有了錢之後，中南紗廠的擴建計劃，在第二年就順順當當地完成了。廠址在新界葵涌地段，那裏是荃灣新市鎮的一部分。一直以來，葵涌是香港工商業重鎮，有許多公司在此設廠和辦事處。

中南紗廠成立第三年，已經發展到了一萬二千個紗錠的規模，此後更是一路凱歌，每年增長百分之十至二十，到了一九七〇年代，中南紗廠已擁有六萬多個紗錠，所有設備都來自德國或者日本，是當時世界上最先進的紡織機械。經過了多年擴張，中南廠工人超過了一千人，年利潤二三千萬元，進入了香港大型紡織廠的行列。

家庭生活

從五洲布廠、華僑紗廠到中南紗廠，當翔千為事業而四處奔忙的時候，淑圻在家裏也累得腰痠背痛。

繼長子英年之後，翔千第二個兒子聖年出生了，之後，女兒英敏、小兒子慶年都陸續來到了這個世界上。一家六口吃喝拉撒不是一件輕鬆事，這使得大小姐出身的淑圻嘗到了「家庭主婦」的辛勞的滋味！

每天天濛濛亮，她就急急忙忙爬出被窩，拎上籃子去菜市場轉一圈。這是她每一天的「必修課」。在一番討價還價後，拎着一籃子魚肉菜蔬回家，接着把孩子一個個叫醒。在爐子上煮泡飯、蒸包子的時候，還要騰出手來幫最小的孩子穿衣起床、刷牙洗臉。這些瑣瑣碎碎的事情，基本上與翔千沒有多大干係。無錫人家信奉「大男子主義」，男人家做這些婆婆媽媽的事情會被人笑話，他們甚至連孩子也難得抱上一抱。

01 ——1960 年代的唐翔千夫婦

02 ——1960 年代的家庭合影

從幼稚園到小學，淑圻天天接送孩子，風雨無阻。他們放學回家後，淑圻是他們的家庭教師，做功課時有甚麼不懂的地方，她會耐心地解疑釋惑。她就像是全能老師，不管是語文數學還是音樂美工，沒有甚麼問題能夠把她難倒。這麼做倒也省下了一筆費用，因為請家庭教師是很花錢的。

那時，翔千每個月交給淑圻五百元。這個數字在當時已經不低了，而且淑圻父母也時不時給女兒一點錢貼補家用，但一家六口的日子依然過得緊巴巴的。在扣除了房租、水費、電費，以及孩子的學費、書費、雜費之後，用於柴米油鹽的錢已所剩不多。淑圻也只能量入為出，甚麼東西便宜買甚麼，能不買的東西就盡量不要買。孩子們的衣服，破了補，補了再穿，老大穿下來給老二，老二穿了傳給老三，老三再給老四。平日裏，最讓淑圻害怕的，就是孩子生病。醫生出診一次要價六十元，差不多是全家人一個星期的伙食費。

結婚前，淑圻過的是飯來張口衣來伸手的日子，根本不用操心錢財的事情，如今卻一個銅錢要想辦法掰成兩半爿使用，因此她免不了要在翔千面前嘮叨幾句。翔千倒是好脾氣，聽到淑圻的埋怨也不生氣，「好好先生」般勸她幾句：「我知道你的難處。

有甚麼辦法呢？只能勒緊褲帶，能省即省。現在這個廠剛剛起步，牌子還沒有做出來，將來生意會好起來的。」

淑圻知道翔千是一個非常要強的人，之所以這麼說也是無可奈何。她相信身邊這個男人，相信他一定會讓企業走出困境，讓家人過上衣食無憂的好日子！

單打獨鬥時代過去了

從一九六〇年代中期開始，歐美紡織品市場設置的門檻越來越高，香港產品進入這些國家的難度越來越大。在一連串挫折之後，香港紡織界經過反思形成了共識：小打小鬧、單打獨鬥的時代過去了。香港企業大多規模小、實力弱，如果不能併購重組形成合力，既無法使產品升級換代，也無法進一步拓展市場。

一九六八年深秋的一個夜晚，翔千和安子介、周氏兄弟四人又聚在了一起，他們的話題也永遠只有一個：紡織業。

那天，安子介提出了一個大膽的設想：將唐氏、周氏旗下的華南染廠、永南布廠、中南紗廠聯合起來，再併購幾家企業，組成一個集紡紗、漂染、織布、針織、製衣、貿易一條龍的紡織集團，爭取在香港證券交易所上市。

「上市以後，我們有錢了，盤子可以做大了，牌子也可以打響了，打開歐美市場只是早晚問題！」安子介對資本運作相當熟悉，他的大局觀也很強，這些都是翔千十分欣賞的。

「子介兄，對你這個設想，我投贊成票。」翔千率先表態。

周文軒與弟弟周忠繼耳語幾句後，大聲宣佈：「我和忠繼也是兩個字：同意。」

「公司的名字我也想好了——中南紗廠、華南染廠、永南布廠，三個廠都有一個『南』字，如今抱成一團，聯合在一起，不叫『南聯』叫甚麼?!」

「到底是大才子，這個名字起得好！」翔千擊節讚歎，「我想在『南聯』後面再加兩個字：『實業』。我們這些人都有一個理想——實業救國。那些虛晃、哄人的事情，我們誰也不願意做，也從來沒想過要去賺那些錢。我們以前如此，以後公司做大了也應該如此——一門心思做實業！」

「這兩個字，加上去太有必要了！」周文軒情不自禁翹起了大拇指，安子介、周忠繼也連連叫好。

這天晚上，圍繞上市的籌備工作就正式啟動了，安子介給大家介紹了一位財務專家——林傳袞，由他負責南聯上市。

林傳袞，北京稅務專科學校畢業生，曾任中國海關幫辦主任、副稅務司。一九五一年在香港結識了安子介，從此進入紡織業。林傳袞是會計出身，可以說是南聯上市的「理想人物」。

三廠合併的南聯實業有限公司在一九六九年六月正式登記註冊，法定股本五千萬元。同年十一月，南聯選擇在香港證券交易所上市，成為恆生指數成分股中僅有的一隻紡織股。

周氏兄弟是南聯實業的大股東，他們推舉安子介擔任董事局主席，由他負責對外公關聯絡；周文軒出任首席常務董事兼總經理，兄弟倆負責布廠和染廠；翔千是小股東，任常務董事兼副總經理，主要負責紗廠。

南聯實業上市的那個夜晚，公司高層聚集在香港大酒店舉行慶祝酒會。大家頻頻舉杯，開懷暢飲，沉浸在無比的喜悅和興奮之中。酒過三巡，臉色微紅的翔千竟笑盈盈地哼起了馬連良的《借東風》。林傳袞也站起身來和翔千碰了碰酒杯：「翔千兄這一段《借東風》別有深意啊！南聯上市，不就是要在股票市場借東風，讓公司快快發展嗎？」

「傳袞兄說得不錯。不過，我今天唱《借東風》還有一層意思。」翔千侃侃而談，「想當初，大家剛來香港的時候，口袋裏都沒有幾個銅鈿，要為衣食憂、為住房愁。現在，我們告別了貧困，都有了自己喜歡的事業。要我說，這也是因為借了東風——首先，借了香港營商環境的東風。在這裏，做事講究規矩，人人憑本事吃飯，誰要搞歪門邪道，就沒有人看得起你；其次，我們也借了『上海幫』的東風。我們這些人，不管是來自上海還是無錫、蘇州，在這裏統統都被香港同行叫做『上海人』。正是各位上海朋友的互幫互助、不離不棄，赤誠相待、抱成一團，才有了今天的南聯實業。」

眾人紛紛點頭稱是。

南聯實業上市之後，先後併購了太平染廠、怡生紗廠、海外紡織等企業，發展成為香港乃至於東南亞紡織業龍頭老大，產品暢銷全世界。到一九七四年，總公司已擁有二十多家子公司，資產規模五億二千九百萬元，職工四五萬人，年銷售額超過九億元，盈利數也創下歷史紀錄——六千一百一十五萬元。這些數字，在當時香港人的眼裏，是一座座可望而不可即的高山。這一年，南聯實業旗下各廠的紗錠總數，佔到了全香港的百分之十。

罷工大潮

南聯實業的成功，得益於管理模式的創新。對於公司一眾高管來說，領導一二家企業、幾百號工人，根本不是甚麼難事兒，他們每個人都有過輝煌的紀錄。可如今管轄的是二三十家企業、成千上萬個工人，過去那些經驗明顯不夠用了。面對這個棘手的問題，董事會一時也有些手足無措。不過，翔千、安子介等人很快就想出了一個方法——有分有合，獨立核算。既要使得總公司像大家庭一樣，有福同享，有難同當；又要使每一個子公司像小家庭一樣，享有一定的獨立性。他們讓每一個子公司都建立起獨立的賬目，每年的利潤按照一定比例上交總公司。如果子公司遇到頭寸調不過來，或者經營中出現困難，總公司會借錢給它，在關鍵時刻助一臂之力。不過，這種救助不是慈善行為，是有附加條件的——子公司緩過氣來賺到錢之後，必須把錢歸還給總公司，並且還要支付高出銀行兩倍的利息。正是這種懲戒機制，使得每一個經營者都殫精竭慮，不敢有半點懈怠。

然而，人算不如天算。正當南聯實業在社會上名聲鵲起，定單多到加班加點都來不及做的時候，一場以改善待遇為目標的工潮席捲了全港。

一九六〇年代，由於貿易量激增和紡織業崛起，香港經濟呈現出興旺景象。但是，對於普羅大眾來說，經濟發展並沒有帶來多少好處，勞工階層的生活仍然十分艱辛。一是勞動時間過長，大多數工人每天工作十小時以上，每週工作七天；二是收入微薄。一九六六年，熟練工人工資起點每天九元，普通工人僅四五元，月薪百元的勞工比比皆是。大部分工人家庭的收入只能勉強溫飽，以至於要求加薪的工潮此起彼伏。

翔千管理的中南紗廠也未能倖免，無法成為罷工大潮中的世外桃源。

以人為本的管理策略

這天，翔千港島辦完事剛進辦公室，桌上的電話鈴聲就響了起來。

「唐生，你總算回來了！」電話是紗廠劉經理打來的，「今天一早長沙灣幾家廠鬧工潮，三車間阿麗、阿芬、阿娟一共七個工人，自說自話就都去了。回來後張管工要罰她們的錢，阿麗和管工衝撞起來，拿紗錠打破了張管工的頭！」

「竟然會有這種事情？」翔千放下電話直奔車間。

休息室裏，一個中年男子頭上包着紗布，紗布上隱隱滲出血跡，此人便是張管工，看上去確實受了傷。那個肇事的阿麗是個年輕女工，圓臉大眼，皮膚黝黑，一頭短髮，此刻，正氣呼呼地蹲在一邊。休息室裏還有幾個女工，想必是與阿麗一起參加長沙灣工潮的，現在全都默不作聲，眼睛看着地面。

「老闆來了，你還不認錯？」劉經理大聲呵斥阿麗。

翔千把手一擺，阻止了劉經理，和和氣氣地對阿麗說：「你坐下來慢慢講，到底是怎麼一回事？」

阿麗顯然是個火爆性子，她瞪了張管工一眼，然後一五一十道出了原委。

原來，阿麗有個朋友是長沙灣工潮的組織者，他鼓動阿麗帶些姐妹參加，一起呼籲老闆加工資，阿麗頭腦一熱就答應了。回到廠裏被張管工問起，阿麗便一五一十將事情和盤托出。不料張管工先是威脅要嚴加懲處，接着又告訴阿麗只要乖乖地聽他話，就可以大事化小小事化了，說完乘機猥褻阿麗，姑娘一怒之下順手抄起紗錠向張管工扔去。

「是我叫幾個姐妹去長沙灣轉了一圈，」阿麗快人快語，「該受怎樣的處罰我不會有怨言，不要責怪小姐妹們。」

「擅自離崗，煽動鬧事，毆打管工，你明天起不要再上班了！」劉經理怒容滿面。

翔千微微一笑，示意張管工和阿麗等人先出去，然後對劉經理說了自己的決定：將濫施淫威的張管工開除；七個女工每人扣一天工資；由阿麗牽頭，摸清工人們對工資待遇的真實想法。

翔千的決定讓劉經理目瞪口呆。

「張管工居心不良吃女工『豆腐』，阿麗還給他這一記『生活』，也只好講他『自作自受』——活該！這種人留在廠裏成事不足，敗事有餘。我看阿麗倒是塊『料』，敢說敢做，爽爽氣氣，問題是怎麼讓她為我所用。這種人在工人當中有影響力，辭退她只怕招來不少麻煩，實在犯不着。」翔千心平氣和地說出了他的想法。

離開車間，翔千依然甩不開那件事情，他隱隱約約地感覺到，這一波勞資衝突正是改善工人生活的一個契機。老實說，工人的工資確實太低了。沒日沒夜、辛辛苦苦地幹活，平時卻連吃上一頓館子、添一件像樣的衣服，也要猶豫再三、不敢出手，太說不過去了！翔千平時十分欣賞「以人為本」的管理理念，認為老闆應該為下屬多多着想，公司賺錢多了員工福利也應該增加，一起享受到公司發展帶來的好處。本來，這樣的想法只是停留在翔千腦子裏，如今他感到機會來了，可以把這些想法落到實處了。

幾天後，經過董事會同意，翔千在中南紗廠率先推出了一項措施：給予每個工人相當於一個月工資的年終額外報酬，也就是一年拿十三個月的工資。這種做法後來為南聯實業所有子公司所採納，不但很好地留住了工人，而且調動起了他們的積極性。

一九七四年，翔千被推舉為香港棉紡業同業公會主席。經過從一九四〇年代到一九七〇年代將近三十年的發展，棉紡業已成為香港最大的一個行業，從業人數多達八十萬，香港每三個勞動者當中，就有一個人投身於這個行業；在香港出口的本地產品中，紡織品佔了百分之五十以上。

成為香港棉紡業領軍人物之後，翔千將南聯實業的一些人性化做法，介紹給香港棉紡業同業公會的同仁，鼓勵他們增加員工福利。根據香港棉紡業同業公會記錄，在一九七〇年代中期，除了年終雙薪之外，紡織業絕大部分員工還可以享受到其他福利待遇：生活費補助每天二至四元；加班工資是正常工資的百分之一百五十到二百；不缺勤每月可獲得相當於三到六天工資的獎勵；每次夜班可得輪值補助一至八元；每天給予食物補助，或在工廠食堂享受免費餐；每年十天帶薪假期；每年十二至三十六天病假期間，發放三分之二的工資；為單身工人提供免費住宿，那些不住宿舍的單身或已婚工人免費巴士接送。

翔千記得經濟學有一個重要理論：人們會對激勵作出反應。也就是說，當人們發現自己付出與收益出現變化時，他們會作出新的決策，會改變自己原有的行為模式。香港棉紡業僱主的集體性讓利，粗粗一看似乎是吃了大虧，其實工人肯賣命幹了、產量提高了，真正賺到了大錢的還是這些老闆！

正是在風雲變幻的一九七〇年代，香港棉紡業進入了全盛時期，帶動香港經濟開始了巨龍騰飛的輝煌時期。

第八章

紡織大王

唐翔千夫婦與唐英年夫婦、長孫唐嘉盛合影（1988 年）

外訪談判打開市場困局

俗話說，同行如敵國。香港棉紡業的崛起和發展，引起了英國及其他國家同行的憂慮。

一九五〇年代末，蘭開夏（Lancashire）正式提出限制東方棉織品進入英國，英國工黨還草擬了一項「棉品計劃」，主張設立專門委員會，制定東方棉織品輸入限額。在英國政府的壓力下，港府只能無奈地接受「蘭開夏協議」。根據這項協議，港商將自動限制棉紡織品銷往英國的數量。然而，港商這種「自動承約」的做法，非但沒有換來寬鬆的營商環境，反而成為歐美國家施壓的把柄。美國、加拿大以及西歐等國相繼倣傚，要求港商採取相同措施，壓縮出口到這些國家的紡織品數量。

面對貿易保護主義政策，香港製衣業首當其衝，出口量急劇下降，很多工廠的女工被遣散回家，勉強留在崗位上的，工資也被大幅度削減。與紡織品相關的床上用品、手套、乳罩等工廠，也大都處於半停頓狀態。

面對紡織品配額帶來的行業不景氣，安子介站了出來，準備組成香港紡織團周遊歐美，一國一國地進行遊說。他的想法甫一提出，就得到業界積極響應，並被大家推舉為團長。

在去機場送行的時候，翔千拉着安子介的手，深情地說：「子介兄，你這一次出行可關係到幾十萬人的飯碗哪！」

在翔千看來，安子介是這次破冰之旅最合適的人選，因為這位使者不但要有蘇秦、張儀縱橫捭闔的全局眼光和戰略構想，還要有諸葛孔明舌戰群儒的智慧和勇氣。安子介洞察世界風雲，熟悉國際市場，又通曉多國語言、熱心社會活動，如果能為香港紡織界爭取到更多的配額，實在是一件功德無量的事情，也可以使南聯實業得到更多香港同行的尊敬。

安子介果然不辱使命，帶着代表團訪問了十七個國家，為打開歐美市場作出了重要貢獻。同行的周忠繼回來告訴翔千，談判的過程曲曲折折，非常艱苦。光是與英國政府談判燈心絨出口，就一來一去糾纏了好多個回合。眼見得英國政府無意讓步，安子介與大家商量後，採取了「退一步、進二步」辦法，不再提燈心絨配額問題，換來英國人在其他方面作出讓步。

當時，作為英聯邦國家，南非政府對進口香港紡織品也提出了苛刻條件，規定每寸布必須有一百七十二紗，達不到這個要求就課以重稅。為避免重罰，安子介與翔千等人一起，大量研究相關資料，終於試製出一種一百二十八根二十支紗乘以六十根十六支紗的斜紋布，每方寸超過了一百七十二紗，一舉打開了南非市場。

另闢蹊徑開創針織新市場

就在香港棉紡業糾結於配額限制的時候，翔千一方面苦心經營中南紗廠，另一方面獨資辦了一家針織廠，並為它起了個很香港化的名字：半島針織——誰人不知香港九龍是一個半島？誰人不知維港畔有一座半島酒店？

說起這事兒，也離不開配額這個話題。

那天，翔千找到周文軒，說起心中的擔憂：「香港出口紡織品，配額就像緊箍咒一樣，時不時會來找我們麻煩，真好像是戴着鐐銬起舞啊！」

「香港的紗錠數也太高，去年竟然增加了十二萬錠——市場需求哪有這麼多呀！」周文軒連連搖頭，「棉花的收購價就像發了瘋一樣，『突、突、突』往上躥；機器多了，當然要增加人手，工人更不容易找了，以至於工資漲了又漲。這生意越來越難做嘍！」

周文軒一邊說，一邊在書桌上東翻翻西找找，最後從文件夾裏抽出一本美國服裝雜誌《VOGUE》遞給翔千。

「你看看雜誌上那些模特兒，時興穿甚麼？針織衫。這就是歐美的潮流，是發展趨勢！」周文軒雖然身在香港，但他一直饒有興致地關注英美服裝市場。

自從英國牧師威廉在一五八九年設計出第一台手搖針織機以後，針織生產由手工逐漸向機械化發展。一七五八年，另一位英國人傑迪戴亞特發明了羅紋針織機，這種編織方法使得衣服具有了很好的抗皺性與透氣性，更富有彈性，穿在身上十分舒服。第一次世界大戰之後，針織品流傳越來越廣，需求量越來越大。一九六〇年代，法國巴黎出現了一位「針織皇后」，她讓針織衫在歐美成為了高級時裝。

這位「針織皇后」叫 **Sonia Rykiel**，懷孕時因為找不到合適、柔軟的針織衫，於是決定自行設計、製作，衣服原材料來自一位威尼斯商人。幾年後，她在巴黎 **Grenelle** 大街開設了第一家專賣店。一九六八年，美國時裝雜誌 *Women's Wear Daily* 把她譽為「針織皇后」（**Queen of Knits**），針織衫因此而一舉成名，成為了富家女子的身份象徵。

「針織衫目前不受配額控制，許多歐美大公司在香港都設立了辦事處直接訂貨。

翔千，你不妨另闢一條蹊徑，專做羊毛衫成衣。」

對於針織衫，翔千其實並不陌生。一九六七年，他應堂兄弟唐乘千、唐鶴千的邀請，赴台灣考察，就發現針織衫有流行的趨勢。在兩位堂兄弟的盛情邀請之下，翔千也投入了一部分資金，三個人一起在台北創辦了協星針織廠。由於鞭長莫及，他當然不可能親自打理，但對於針織衫市場，翔千自此一直非常關注。

周文軒的啟發和鼓勵，讓翔千精神為之一振。他跑了幾家英國人開設的辦事處，發現羊毛衫市場確實十分紅火，於是，找到了周文軒，告訴他自己決定獨資開一家針織廠，專門生產高檔羊毛衫成衣。

「廠名我想好了，叫『半島針織』。『南聯』是大山，『半島』是小島，互為犄角，守望扶助。」翔千興致勃勃地說道。

三個女人一台戲

翔千把廠址選在柴灣，不僅是因為這裏聚集了不少紡織企業，還因為這裏租金便宜。

他在一棟七層樓高的工業大廈內租下一層樓面，一千多平方米，從英國進口了針織機，從美國買來了羊毛，招聘了幾十個工人，前前後後投入了四十多萬元。

聽說要新辦一家針織廠，翔千的姑媽、姨媽和表姐自告奮勇，一起找到了翔千：

「翔千，你辦廠總要用人手，用張三李四還不如用自家人——我們不會蒙你坑你，只會一門心思幫你！」

翔千本來就打算找個人管理半島針織，他不可能荃灣、柴灣兩頭跑，大部分心思還得放在中南紗廠——半島針織眼下不可能投入太多精力。只是他對放權給三個女性有些猶豫：

「公司剛剛開張，環境還很艱苦，大樓裏連部電梯也沒有，每天要上上下下跑七樓，你們都快六十歲的人了，吃得消嗎？」翔千說得很委婉，不想拂了她們的好意。

「翔千，不要看不起我們！你不是喜歡看京戲嗎？三個女人一台戲，我們唱一齣《半島巾幗》給你看看。有我們三個人，你大可以坐鎮中南紗廠，篤篤悠悠遙控指揮半島針織。」

見姑媽們信心滿滿，再想到半島針織畢竟是自己的企業，輸也好贏也好都與別人無關，翔千也就點頭答應了。為了激勵她們用好管理權，傾情投入、多動腦筋，翔千還承諾賺了錢之後，拿出利潤的百分之二十五獎勵她們。

然而，說易行難，三個女人畢竟都是生手；加上在成衣界，半島針織屬於「小字輩」，能有多少知名度？會有幾家歐美大公司向你訂貨？原打算大幹一場的三個女性，萬萬沒有想到生意竟如此清淡，辛辛苦苦一年忙下來，非但沒能賺到錢，還虧蝕了四十萬元。

翔千知道之後，也沒有多說甚麼，又拿來了四十萬元，並且告訴姑媽，大膽放手做，虧了算我翔千，贏了還是按老規矩分紅。

三個女人都沒有想到翔千會這麼大度，竟然沒有一句埋怨、沒有半點兒猶豫，把管理權徹徹底底交給了自己，於是更加沒日沒夜地撲在工廠裏。

儘管三個女人都把工廠看作自己家一樣，嘔心瀝血，全力以赴，但半島針織虧損的窟窿還是越來越大。為使企業起死回生，她們轉戰印尼、古巴這些新興市場，但產品運到當地後，沒有多少人感興趣，離當初預期相差十萬八千里。年終結賬的時候，發現又虧掉了四十萬元。看着倉庫裏堆得滿滿實實的毛衣，姑媽的心也碎了，她無法向翔千交代，也無顏面對辛苦創業的姐妹們。

在從柴灣回家的巴士上，姑媽臉朝窗外哭了一路。踏進家門已是深夜十二點了，她幾經猶豫還是給翔千打了電話。

此時翔千已經進入夢鄉，聽到電話鈴聲睡眼惺忪地抓起了聽筒。

「翔千，對不起……」姑媽話沒說完就哭了起來。

「姑媽，怎麼啦？」翔千的睡意消失得無影無蹤。

「翔千，我沒臉再做下去了！去年虧了那麼多，今年還是一塌糊塗，不但讓你蝕掉了老本，還給你丟了臉。我當初信誓旦旦做『半島巾幗』，現在卻不折不扣成了『半島罪人』！」

說到傷心處，姑媽放聲大哭。

「姑媽，你不要哭呀！交點『學費』沒甚麼，反正我在其他地方掙到不少錢。」翔千故作輕鬆。「我也有責任，掛着個董事長、總經理的名，實際上沒能幫你們甚麼忙。不過，我一直認為，不管做甚麼產品，最主要是將品質做好，質量上去了，生意自然會來。即使一年半載虧損點，沒甚麼大不了。最近有好幾個朋友對我說，半島針織衫口碑非常好。姑媽，這是好兆頭呀！」

「叫好不叫座，又有甚麼用呢？」姑媽歎了口氣。

「哦，有件事情我忘了告訴你，今天下午有一家美國服裝公司找上門來，指名道姓要半島針織代工生產一萬件羊毛衫。」

「老天保佑，半島針織有救啦！」姑媽破涕為笑，在電話那邊像小孩子一樣歡呼起來。

「所以，三個女人這台戲沒有唱完，決不能下場，要善始善終。姑媽，你知道嗎？」

「謝謝你翔千，給我帶來了這麼好的消息。今天晚上我可以睡個安穩覺了。」

掛了電話，翔千已無法入眠。一方面，他的心裏有一種說不出的安慰，姑媽真好！她們都把公司成敗，看作是自己的事情；另一方面，他也頗為自責，這些日子心思都放在中南廠，以至於三個老太太操碎了心。現在，該為半島針織覓一個專業人才了。

慧眼識英才

不久，翔千找到了錢震來主持半島針織廠。

錢震來，一九三二年出生，上海市青浦縣人。一九五八年，錢震來赴香港攻讀紡織工程學。剛到香港時身上僅僅剩下兩元錢，正巧遇上南海紗廠招考十二名實習員。在二千名應聘人員中，他以優異的成績被紗廠老闆唐星海相中。半工半讀期間，他吃苦耐勞、兢兢業業，甚麼工作都搶着幹，包括擦車、搬運等活兒，而從未有一句怨言。他很快熟悉了每一道工序，由助理工程師升為主管工程師。他主管的生產部門，產量、質量等指標一直保持領先。一九六五年，他赴新加坡大馬製衣廠任廠長。在那裏，錢震來一戰成名，充分顯示出卓越的經營才能，很快使這家瀕於倒閉的工廠起死回生。

因為錢震來在唐星海手下工作過，所以翔千找到他並不費力。

「震來兄，來半島針織一起幹吧！儘管你沒有做過針織業，但我知道你最喜歡挑戰，對針織市場也了解得清清楚楚。不要錯失良機喲！」

錢震來沒有拒絕翔千的邀請，不久便離開了新加坡加盟半島針織。雖然他對針織毛衣的運作流程並不熟悉，但他一點兒也不膽怯，他去歐美一流的羊毛衫廠考察，了解成衣製作過程及各種機械性能。短短幾個月之後，他就進入了工作狀態，親自選購羊毛針織機械，培訓廠裏的管理幹部和技術人員。由於生產出來的毛衣質量好，跑銷售的業務員人品優秀，半島針織的產品很快就在歐美市場出了名，公司不但把前幾年賬上虧損的漏洞填平了，而且賺的錢一年比一年多。

在那段時間裏，由於南聯實業的工作漸漸走上正軌，翔千到半島針織的次數也比以前多了。他還是喜歡到廠區走走看看，和技術員、工人呆在一起。他能叫出許多老工人的名字，也了解他們的家庭情況，注意傾聽他們的意見。每有員工過生日，或者逢年過大節，他都很爽氣地派出紅包，獎勵有功之臣。對於那些作出過特殊貢獻的人，即使年紀大了退休回家，他依然每個月發給他們薪水——錢震來就是其中之一。

將半島針織帶上又一個台階的，是翔千大公子唐英年。

一九七六年，正在美國耶魯大學念社會心理學博士的英年，被父親一個電話叫回了香港，一如當年唐君遠被父親唐驤廷從蘇州東吳大學叫回無錫，理由也一模一樣：幫助打理家族企業。

英年只得中斷學業，急急返回香港。

「你先到版房去學學包裝。」博士生英年無論如何也不會想到，上班第一天父親竟作出這樣的安排。

此後，英年幾乎把半島針織的各個崗位都轉了一圈，做過生產、採購、營銷甚至

01 ——1970 年代的唐翔千夫婦

02 ——唐翔千夫婦參加唐英年大學畢業典禮（1970 年代）

03 ——由唐翔千獨資經營的半島針織

搬運工，他還能獨立做出一件毛衣。在銷售部門「實習」時，英年盯上了紐約最著名的一家百貨公司。他找到這家公司的經理，開門見山地說：「我在耶魯大學讀書時就是貴公司的客人，我希望貴公司也能成為我的客人。」他的自信和談吐征服了美國經理，半島針織產品終於上了百貨公司貨架，與全球頂級品牌放在一起。

一九八〇年代中期，翔千因為要將更多精力投入內地公司，讓出了半島針織總經理的位置，把這副擔子交給了英年。也不愧是唐家子弟，似乎與生俱來有着營商基因，英年不斷「出招」：在美國和英國分別成立子公司，組建專業團隊進行市場推廣；在英國開廠生產毛衣，使公司產品不再受到配額的困擾；從日本買進電腦織機，將原先的手搖機器全部淘汰，將生產效率提高了十倍……

在英年執掌半島紡織之後，公司營業額節節上升，躍升到了一年幾個億，利潤增幅也越來越大，有一年甚至達到了三千萬元。

後來，半島針織將公司總部搬到了長沙灣青山道五三八號半島大廈。翔千幾乎每個星期都會去三十一樓的辦公室，處理一些事務，找一些人聊聊。當夜幕降臨屋裏只剩一個人時，翔千很喜歡透過偌大的落地窗向外眺望，馬路上車流如織、燈火璀璨，維多利亞港船來船往、汽笛長鳴，他感恩這座城市為自己提供了施展抱負的舞台，更感歎你追我趕、生生不息的城市文化使人不敢有半點懈怠！

開拓新天地

一九七〇年代初，香港棉紡業蓬勃發展，帶動各項成本快速上揚。首先是地價急升，因為大多數工廠用地到期後亟需續約，港府宣佈將重新估算地租，以一九七二年土地租金為準；其次是提高了工業用電和進出口運費；再次是工人工資的不斷增加。以一般在職工人收入為例，一九五〇年代每月一百元至一百五十元，現在已經增加到每月七百元，在東亞排名第二位，僅次於日本，遠遠超過了台灣、韓國。

「成本一路往上走，效率和價格卻跟不上去，配額又像討厭的緊箍咒，該怎麼是好？」翔千意識到，要把生產成本大幅度降下去，在市場競爭中鶴立雞群，一定要有新思路，必須走出香港這個彈丸之地，去開闢新天地，把工廠搬到人工、地租都低許多的地方去。可是，世界這麼大、國家這麼多，該選擇哪兒呢？而且，一旦走了出去，肯定需要找個獨當一面的能人，這個人既要經驗豐富、精通業務，又要吃苦耐勞、忠誠度高，這樣的人可謂鳳毛麟角，到哪裏去找呢？

借力，是翔千做事業規劃時經常會想到的元素。這時，他腦海中出現了兩個人——陸增鏞、陸增祺。五年前，翔千考察台灣羊毛衫市場時，在那裏辦廠的堂兄唐乘千，屢屢提起與他合作過的陸氏兄弟，翹起大拇指誇讚他們是出類拔萃的經商人才。

陸增鏞、陸增祺，浙江湖州人，從小生活在上海，哥哥陸增鏞畢業於滬江大學，弟弟陸增祺是聖約翰大學的高材生。雖然家世顯赫，兩人卻毫無富家子弟的自負和虛榮，只有浙江人的書卷味及彬彬有禮的紳士風度。一九四九年移居香港時已家道中落，兄弟倆只能從普通打工仔做起。他們租下了北角一個小房間，一個睡床上，一個躺地上，勒緊褲帶，苦苦拚搏。潦倒時連一元二角的午飯都買不起，只得花二角錢買一包花生米當飯吃。有一次房東跟在屁股後面追討房租，兄弟倆無計可施唯有將手錶當了。

兩人苦日子熬出頭是在十多年之後，有幸遇到了生命中的「貴人」曹光彪。一九六〇年代中期，陸增鏞被老闆曹光彪相中，提拔為東亞太平毛紡集團營業部經理，陸增祺也在哥哥引薦下，成為公司總經理秘書。在東亞太平做了幾年後，兄弟倆對生產流程、貨源採購、銷售渠道、管理模式都了解得十分清楚了，正巧碰到東亞太平旗下毛衣出口公司經營不善打算關門，於是自告奮勇接過了這個爛攤子。兄弟倆果真身手不凡，幾個月便使公司起死回生，此後更是年年賺大錢。當日曆翻到一九七〇年時，陸增鏞、陸增祺已雙雙進入東亞太平決策圈，年薪高達六七十萬，還享有公司百分之十的股份。

在摸清了陸氏兄弟的情況以後，翔千決定找他們推心置腹談一談，希望將他們拉到自己身邊，攜手合作、共圖大業。

到毛里求斯開廠

一九七二年冬天的一個上午，港島皇朝會餐廳。春卷、叉燒包、皮蛋豆腐、海蜇頭等茶點一一擺好之後，翔千開誠佈公地說明了來意。在座的還有翔千好友楊元龍，香港知名紡織商人，曾代表香港政府參與「關稅及貿易總協定」及「多種纖維協定」的制定。

「大家都是吃紡織成衣這碗飯，眼下成本越來越高，利潤越來越薄，長久下去終究不是辦法。我與元龍兄想在香港以外的地方設廠，兩位是業內高手，可不可以指點一二呢？」

陸氏兄弟相互看了一眼，陸增鏞開口說道：「翔千兄過謙了，『指點』兩字怎麼敢當？你快人快語，我也直言相告，我們兄弟早就有這個想法了，甚至連設廠的地方也找好了。兩位願意聽我們說嗎？」

「翔千和我求之不得呢！」楊元龍笑逐顏開。

於是，陸氏兄弟你一言我一語，和盤托出了醞釀已久的計劃。

那是兩年前的事情了，陸增祺在辦公室裏接待了一批來自毛里求斯的客人。作為非洲的一個島國，毛里求斯在經歷了法國、英國的殖民統治後，一九六八年才宣告獨立，不過，它仍然是英聯邦的成員國。這批客人是來香港尋找貿易夥伴的，他們向陸增祺述說了與島國合作的種種好處。陸增祺心動了，他本來就在尋找做生意的成本窪地。與大哥商量之後，陸增祺決定去毛里求斯看看。

在那裏，陸增祺看到了一望無際的甘蔗林，到處都是衣衫襤褸的窮人。在這個農業社會裏，經濟結構簡單到了極點，百分之九十二耕地種的是甘蔗，百分之九十八出口產品是蔗糖。

一圈轉下來，陸增祺心中有底了：毛里求斯是一塊投資寶地，具有三大優勢，不但地價低、勞動力便宜，而且歐洲國家還給了它紡織品免稅、免配額的優惠。

「這麼好的機會，為甚麼不抓住它呢？」翔千頗有些不解，做生意就像打仗一樣，貴在神速。

「回到香港以後，我把情況給大老闆說了——你也知道，東亞太平董事會那時換了大老闆——他對我說的根本不感興趣。」

「我們就好像被兜頭澆了一桶冷水，心一下子涼了。」陸增鏞補充說，「這個念想也就擱了下來。」

「為甚麼不自起爐灶呢？」翔千追問着，其實心裏已大致有了答案。

陸增鏞歎了一口氣：「到毛里求斯去開爿廠，少說也要幾百萬，這不是小數目啊！」

翔千一聽，果真不出所料，心中暗暗歡喜：「錢的問題，我來想辦法解決。啟動資金先湊個五百萬，我和元龍兄各拿出來一份，」見楊元龍頻頻點頭，翔千繼續說道，「你們兄弟合在一起也湊一份，每份佔三分之一，一百七十萬不到一點點。如果這些錢還不夠，我和元龍兄只要簽個字，你們跑一趟渣打、滙豐銀行，這個錢就會像水龍頭一樣，要多少可以有多少。」

翔千之所以如此放手，爽爽快快地作出承諾，因為之前已經打聽清楚了，知道陸氏兄弟人品不錯，口碑相當好。

「這是個機會啊！」楊元龍笑呵呵看着陸增鏞、陸增祺，「生於憂患，死於安樂。不要光想着那幾十萬元，被安定舒服的小日子迷得神魂顛倒。追求安逸，無異於坐以待斃。香港紡織業，不改變已經不行了！」

那天見面後不久，陸氏兄弟便離開了東亞太平。一九七三年五月，亞非紡織集團宣告成立，翔千任董事長，公司具體事務則交給陸氏兄弟負責。翔千明明白白地告訴他們，他的原則是用人不疑、疑人不用，既然請兄弟兩人當家，就絕對信任他們，而不會管頭管腳過問廠裏具體事務。

事實證明，翔千的投資決策是正確的。亞非紡織第一年就賺回來幾百萬元。工廠規模從當初的一千多個工人，發展到二千多、三千多，最多時擁有二萬四千個工人。以至於毛里求斯總理在競選連任時來找陸增祺幫忙，希望他額外錄用二千個工人，將高企的失業率降下去一些。陸增祺滿口答應，一下子招聘了四千個工人。總理開心得不得了，最後果真再一次坐上這個寶座。

翔千一諾千金，自公司成立第一天起，他沒有給陸氏兄弟打過一次電話，沒有對他們的決策說過一個「不」字。每年一月份開董事會的時候，了解到公司做了多少生意、賺了多少錢、可以拿多少分紅之後，他也只是對陸增鏞、陸增祺說些「很好很好」、「辛苦辛苦」之類的話，而不會對公司運作說三道四。

一九九四年，在與陸氏兄弟合作了二十一年之後，出於戰略上的考慮，翔千和楊元龍決定退出亞非紡織，陸增祺給兩人各開了一張幾億元的支票，將他們的股份買了下來。如果加上每年分紅，翔千當初二百萬不到的投資款，足足賺了好幾百倍！

自此，亞非紡織成了陸氏兄弟的獨資公司。鑒於陸氏兄弟對毛里求斯經濟發展作出的貢獻，經這個島國政府總理推薦，陸增祺於一九八八年獲英國女皇冊封為爵士，陸增鏞於一九九〇年獲英國女皇頒授 CBE 勳銜。港人由英聯邦別的國家元首推薦授勳，這在香港歷史上是沒有先例的。

由於南聯實業、半島針織、亞非紡織諸多企業的極大成功，翔千在香港紡織成衣界聲譽日隆，以至於那些喜歡嘲弄名人的媒體也尊崇有加地稱他為「紡織大王」。

第九章

十年浩劫

唐君遠全家福（1980 年，上海）

母親病危

一九七二年初夏的一個夜晚，翔千站在書房裏，望着窗外一輪圓月，不禁悲從中來。他的手裏拿着一份電報，苦澀的淚水撲簌簌往下掉。

電報是從上海發來的，說翔千母親得了腸癌，病情十分危急，需要住院開刀。可因為「階級成分」問題——「資本家」的老婆，竟然被打入另冊，只能排在一長串病人名單後面慢慢等。人命關天，怎麼能慢悠悠地等呢？翔千憂心如焚，恨不得立馬插翅飛回家裏。

自一九五〇年代初移居香港，翔千就沒回過內地。家中親人怎麼樣了？父母親都還好嗎？翔千一直掛念在心。如今知道母親身患不治之症，他無論如何也要想辦法回去看看。只是聽說內地「文化大革命」搞得人人自危，怨聲載道，此時此刻去上海，翔千也非常害怕，因為在內地自己百分之百屬於「鬥爭對象」。

飯桌上，翔千心不在焉，一點兒胃口也沒有，孩子們跟他說話也愛理不理的。淑圻覺得不對勁，便問他：「難道有甚麼心事？」

翔千眼圈發紅，聲音哽咽：「姆媽遇到大麻煩了！」說完，從口袋裏掏出電報交給淑圻。

淑圻讀完電報，眼淚也流出來了。

自從嫁給翔千以後，淑圻一直把自己看作唐家一分子。在「三年困難時期」，淑圻每個月都會給上海的公公婆婆寄去一個包裹，裏面放一盒白脫、一瓶菜油、一包白砂糖。她聽人說內地缺糧缺油缺菜缺肉，只要是吃的，樣樣都缺。儘管那時候自家日子也緊巴巴的，但為了幫助公公婆婆度過「飢餓年代」，淑圻每個月都會做這個「例行動作」，前前後後堅持了三年。

淑圻不住地催促丈夫盡快動身：「你無論如何要讓媽媽住進醫院。哦，把聖年也帶上，讓老人也開心開心。」

翔千「嗯」了一聲，可心裏卻在打鼓：怎麼才能跨過邊境線而不被他們攔下來呢？按照內地的口徑，自己來自於「資本主義」世界，還是個剝削人的「資本家」，能通過政治審查這一關嗎？

上海之行

第二天一早，翔千硬着頭皮找到了華潤公司。在香港，幾乎沒有人不知道華潤公司的中方背景。因為生意上有往來，所以翔千和他們關係一直很好。

聽翔千說明來意後，華潤公司高管相當熱心，在與內地聯絡之後，決定派人陪同翔千一塊去上海。

就這樣，翔千帶上十幾歲的兒子聖年，開始了上海之行。

在深圳過海關時，他們被一個解放軍戰士攔住盤問，好不容易才放了過關。在檢查行李時，翔千被要求將隨身攜帶的箱子一個個打開，然後把東西一樣樣拿出來，甚至連箱子裏的衣服也被他們一件件抖開來，上上下下摸了一遍。那種一絲不苟的工作態度，真比現在檢查爆炸物還要認真十倍百倍呢！

就這樣，足足折騰了兩個多鐘頭，三人才獲准離關。此時，翔千就像得到大赦似的長吁了一口氣。

三個人來到廣州，坐着三輪車尋到了華僑飯店。

「小姐……」翔千剛開口，坐在服務台的姑娘便滿臉不耐煩地打斷了他：

「沒有房間。」

「對不起，華潤公司不是已經訂過房間了嗎？」翔千小心翼翼地問道。

「沒有。」

「怎麼會呢？」華潤公司那位先生也急了。

「你問我，我去問誰呀？」姑娘冷冷地說。

「那怎麼辦？」翔千心裏暗暗叫苦。

「只有你們自己去想辦法嘍。」姑娘繼續擺出一副事不關己的模樣。

翔千搖搖頭，不知道怎麼辦才好。耳朵邊，大喇叭裏播放着「大海航行靠舵手」的歌聲，分貝高得讓人頭痛。突然，他想到了一樣東西，急急忙忙掏了出來。

奇跡出現了！服務台姑娘接過翔千遞上的那張紙頭，臉上即刻露出了笑容，說出來的話不再冷冰冰硬邦邦了。

「哦，有房間，有啊！」

原來，翔千拿出了一封介紹信，是動身之前中國旅行社交給他的。起先，他還非常納悶：走南闖北，帶上錢不就行了？這張小紙頭能有甚麼用？沒想到現在居然派上了用場。當時，中資單位開出的介紹信都有一些共同點，深深打上了時代烙印：抬頭印有一段毛澤東「最高指示」，正文最後總是加上一句「敬祝偉大領袖毛主席萬壽無疆」，或者「偉大的導師、偉大的領袖、偉大的統帥、偉大的舵手毛主席萬歲」，然後是某某單位、年月日，再蓋上大紅印章。

翔千慶幸終於住進了酒店，可是推開客房門，他的眉頭立刻皺了起來：地毯上到處是油膩，腳下簡直沒有一塊地方是乾乾淨淨的；床單和被子都黏乎乎的，東一灘西一灘儘是臭蟲的血跡；衛生間的浴缸粘滿了污垢，抽水馬桶更是髒得一塌糊塗。

「唉！」除了搖頭歎息，翔千無話可說。

到了開飯時間，翔千帶兒子走到飯堂門口，只見大門外人頭湧湧，喊叫聲、說話聲響成一片。姍姍來遲的工作人員將飯堂大門打開後，人群像潮水一樣湧了進去，在一排窗口前你爭我奪、各不相讓。翔千從來沒見過這種場面，更不敢跟他們爭搶，只得關照兒子：「人最多的地方，你千萬不要擠過去！只要有點吃的填飽肚子，就可以了。」

晚飯後，翔千馬馬虎虎抹了把臉，就急急忙忙趕到電話局發電報——淑圻還在等他的消息呢！那時，內地的旅館、酒店沒辦法打長途電話，發傳真更像是天方夜譚。

電話局離酒店還有很長的一段路，也沒有公共汽車可以坐，翔千只好一路走、一路問。黑漆漆的馬路上，只有稀稀拉拉的幾盞燈幽幽地亮着，他高一腳低一腳地走着，心裏像懷揣着小兔子，「突突」直跳。

這樣一來一回，一份簡簡單單的報平安電報，足足花去了他兩三個鐘頭！

第二天早飯後，翔千退了房間，帶兒子站在大門口等車子，服務台姑娘告訴他，飯店裏有專車定時開往機場。

可是，姑娘說的那個時間到了，班車卻連個影子也沒有。五分鐘過去了，十分鐘過去了，十五分鐘過去了，門口依然不見有車子停下來。翔千急得團團轉——飛機可不會為了等他們父子而推遲起飛呀！

突然，他像發現新大陸一樣，看到遠處停着一輛大巴，上面坐了許多人。莫非這就是開往機場的班車？翔千若有所悟，急忙拖着兒子提上行李，連奔帶跑地衝過去，一步跳上了車子。

說來也真幸運，那輛車的終點站，正是廣州機場！

也不知為了省油還是其他甚麼原因，翔千乘坐的這架飛機沒有開空調，機艙裏又悶又熱，儘管脫掉了外衣，汗水還是不斷地冒出來。空姐倒也想得周到，給了每人一把小扇子，機艙裏到處是嘩啦嘩啦搧扇子的聲音。

最使人啼笑皆非的還在後面。

飛機起飛後，竟像空中表演一樣，一會兒升上去，一會兒降下來，足足折騰了兩個小時，空姐解釋說是「試飛」。

「正式飛行」後，飛行員的所作所為更讓人匪夷所思，只見他過一會兒就到機艙裏轉一圈，臉貼着玻璃望望窗外。聽人說，他這是在觀察飛機的引擎，生怕那東西會有甚麼意外。

幾十年來，翔千不知道乘坐過多少飛機，可是如此糟糕、如此古怪的空中旅行，他還是第一次領教！

久別重逢

翔千趕到南昌大樓時，已是夜裏十點多鐘了。

「文革」開始不久，一家人就被趕出了原來那套寬敞明亮的房子，住到了這兒。

進門處黑咕隆咚的，沒有一盞燈，翔千只得一手拉着兒子，一手扶着牆壁，摸索着慢慢往前走。

推開家門時，一屋子七八個人都站起身來。翔千拉着父母的手，看着他們強作歡顏的蒼老面容，想到二十多年思念之苦，禁不住淚流滿面，哽咽着說不出話來。

在父母身邊坐下之後，翔千細細詢問了兩位老人的近況，特地讓妹妹新瓔拿來了母親的病歷卡，一頁一頁細細查看。詢問了母親疾病的治療方案之後，翔千便辭別眾人回酒店去了，因為他知道兩位老人平時早就上床睡覺了。

翔千住在華僑飯店，在南京路、西藏路口，離南昌大樓並不遠。這天晚上，翔千惦記着父母，翻來翻去總睡不着，第二天六點多就翻身起床了。上海的天亮得很早，五六點鐘朝霞就升起來了。翔千在南京路上叫了輛三輪車，花了五毛錢趕到了父母親那兒。

這回他總算看清了南昌大樓的模樣。這座公寓有八層樓高，無論是頂部尖塔、兩翼立面，還是樓底入口處的門楣、半挑封閉式小陽台，都透露出濃濃的裝飾主義風格。在舊上海，這裏是有錢人住的地方，底層原先是車庫，每一戶人家甚至還有獨立的備菜室，廚師把菜燒好後必須先放到備菜室，然後才由傭人端到主人面前。

現在，這裏已經看不到一絲貴族氣了，入口處黑洞洞、髒兮兮的，牆壁上一塊黑一塊黃，顯然很久沒粉刷過了。

家裏人住的這套房總共有四間，原本住在這裏的「資本家」被趕走之後，有兩間被安排住進一對夫妻，另外兩間房和陽台分配給了唐家。唐君遠夫婦住一間，崙千夫婦住在陽台上，舜千和其他幾個人擠在當中一間，晚上把床鋪開，白天則放張圓桌一家人吃飯。

過去那個溫馨、富足的家，已經成為記憶。家裏的擺設破舊不堪，好像到處都是床，吃飯時也總得有幾個人坐在床沿上。

在飯桌上，家裏人壓低着聲音，將「文化大革命」中吃的那些苦、遭的那份罪，一五一十地告訴了翔千。只聽得翔千毛髮倒豎，驚懼不已。

文革中受盡折磨

一九六六年八九月份，社會上掀起了「破四舊」（舊思想、舊文化、舊風俗、舊

01 —— 唐君遠一家在上海茂名南路南昌大樓的舊居

02 —— 1972 年唐翔千回國時在上海全家合影

習慣）的旋風，到處都有人押着戴上「高帽子」的「牛鬼蛇神」遊街，到處都是焚燒「封資修」書畫和衣物的熊熊烈火。

這天，唐家闖進來一群紅衛兵，氣勢洶洶，有男有女，身上都穿着綠軍裝，胳膊上戴着紅袖章。他們輕車熟路地把住家裏的每一扇門，就像獄警看管犯人似的。

這些人翻箱倒櫃，把家裏收藏的古董、字畫，全部封存在小房間裏，門上貼了張封條。把掛在牆上、放在抽屜裏的照片取出來，一張張看過之後沒發現甚麼問題，就惡作劇地扔進了放着水的浴缸裏。唐君遠平時喜歡剪報，如今這些報紙被他們撕碎後撒了一地。他們揮舞着鐵棒和鏈條，把屋裏的壁燈、吊燈、床頭燈一盞盞敲碎之後，喝令唐家所有人脫掉鞋子，赤着腳走到碎玻璃上，弄得每個人腳底血跡斑斑。

從那以後，紅衛兵天天都來，而且大都是在晚上十點以後。他們不知道從哪裏打聽來消息，說南昌大樓裏有秘密電台，有收報機和發報機，於是抄了張家抄李家，把這幢大樓所有住戶輪流抄了一遍，有幾家甚至連地板也撬了起來。

有一天，來了兩個北京紅衛兵，見到唐君遠就一皮帶抽過來：「還不向毛主席請罪？」他們讓唐君遠低下頭，把腰彎到九十度，先是叫他喊「毛主席萬歲」，接着再喊「打倒唐君遠」。唐君遠喊了第一句口號之後，就閉住嘴巴不吭聲了。

「怎麼啦，變啞巴了？」紅衛兵吼叫着。

見唐君遠依然不吱聲，其中一個紅衛兵火了起來，瞪着眼睛一腳踹到他腰上，唐君遠跌倒在地打了個滾，差點背過氣去。

接着他們又拿來一把剪刀，將翔千母親王文杏的頭髮剪掉一大塊，變成了陰陽頭。一番折騰之後，他們把翔千母親和弟妹關到了陽台上，讓唐君遠一個人閉門寫檢查。他們說唐君遠「裏通外國」，證據是他廠裏的機器都是從英國買來的。

在唐家折騰到凌晨一兩點鐘，紅衛兵方才離開，出門時扔給唐君遠一句話：不能睡在床上，只允許鋪一條蓆子睡在地上。

唐君遠還被「勒令」每天早上七點到廠，打掃工廠的廁所。他以前坐慣了汽車，根本不認識去廠裏的路，現在車子被沒收了，只好由女兒新璎陪同，每天帶着他走到車站，坐上二十四路電車到江寧路下來，再把他送到廠門口。在那兒，唐君遠必須掏出《毛主席語錄》，讀一段「最高指示」，守門的造反派才會允許他進去。

在「文革」中，唐君遠的工資從九百元革到了幾十元，他和夫人的標準是每人每月十六元。紅衛兵也曾把家裏的保姆趕出去，警告她「不要為資產階級服務」，但保姆給了他們一個「軟釘子」：「我在這裏許多年了，沒有其他地方可以去，總不能睡到馬路上吧?!」

唐家有一個親戚在南洋醫院（後改為盧灣區中心醫院）泌尿科做醫生，聽說翔千母親經常大便出血，硬拖着她去做了個檢查，結果發現老人家患的是腸癌。在上世紀六七十年代，生癌就好像被判死刑一樣。在這種情況下，家裏只得給翔千發去電報……

聽着親人訴說，翔千淚流滿面。他恨自己百無一用，看着父母和兄弟姐妹受盡折磨，卻無能為力。他盼望苦難的日子早點過去，家裏人生活能掀開新的一頁。

旅途上的感慨

好不容易來一趟上海，翔千想去別處看看其他親戚，可家裏人聽說後一個勁地搖頭，勸他最好不要「串門」。他們的理由很簡單：因為翔千是從香港來的，那裏是英國人管治的地方。在「文革」中，不知有多少人為了「裏通外國」這個罪名，被鬥得死去活來。如今，中國社會就像一張碩大的網，到處都是監視的眼睛，一個從香港來的老闆走東家跑西家，肯定被人盯得死死的，如果有人找你一點麻煩，只怕渾身是嘴也說不清楚。

那時，社會風氣是「越窮越光榮」，所以翔千在廣州特意買了套灰色人民裝，坐三輪車進出華僑飯店時，還故意把衣服捏捏皺，生怕別人看出自己的「身份」。他萬萬沒有想到，照顧到了「上面」卻忘記了「下面」，腳上一雙亮鋥鋥的皮鞋還是露了餡。結果圍上來一群人，追趕着三輪車看他的皮鞋，就像看外星人似的。

有一次，沒攔到三輪車，翔千就領着兒子乘坐無軌電車。那時候，上海的電車票只要四分錢，車廂裏擁擠不堪，瀰漫着一股汗臭味。小慶年掏口袋買票時，一不小心掏出了一疊十元鈔票，引來乘客議論紛紛：「這個小赤佬（小孩子）袋袋裏哪能有介許多銅鈿？」「嘿！阿會（會不會）是小偷？」……

翔千一聽，嚇得直冒冷汗，連忙拉着兒子擠下了車子。

在上海，翔千還了解到，平日裏買菜，家裏人常常在清晨三四點鐘就去小菜場排隊了，而且買葷的素的要排幾個隊伍。分身乏術，不少人就放一隻籃子或者一隻凳子，甚或一塊磚頭，作為自己的「替身」，以便買好一樣菜之後，能插進來再買另一樣，而不會耽擱時間。久而久之，已經成為了「潛規則」。

看到家裏人大多面黃肌瘦，買菜又這麼麻煩，翔千就有意帶大家去華僑飯店多吃幾頓。此外，他還每天晚上在飯店裏訂一隻水果蛋糕，第二天用紙頭一包，帶回去給家人吃。他知道，父親十分愛吃奶油蛋糕。

那年夏天十分炎熱，夜裏常常熱得無法入睡，打開門窗依然沒有一絲風。翔千看到老邁的父母整天搧着蒲扇，實在於心不忍，就想到南京路買一台電風扇。不料走了許多店，還是沒有買到。後來在淮海路才看到有賣小電風扇，而且是上海最好的牌子，就花了九十多塊錢買回家。誰知道這電扇根本沒法用，那時一個門牌號十幾戶人家共用一隻小火表，用電量比較大的電扇轉了沒幾圈，火表的電閘就「跳」掉了。

這次回上海，翔千最關心的還是老母親的事情。為能盡快住院治療，翔千一次次去瑞金醫院，催促他們想方設法安排床位，還通過華潤公司找到了上海統戰部，希望他們能助一臂之力。妹妹新瓔更是天天去醫院打聽消息。到了第五天，醫院裏終於來了通知，一家人別提有多高興了。第七天，他拿着面盆、毛巾、碗筷等日常用品，送母親去醫院。走進病房，看到的情景讓他倒吸一口冷氣：一間病房竟睡了十一個病人，好多陪護的家屬都挨着病床睡地上。一切簡陋得超乎想像，與香港醫療條件根本沒辦法比。

使他欣慰的是，這次替母親開刀的是唐家熟悉的一個老醫生，不但醫術高超，而且人也十分和氣。

不久，翔千就告別了滬上親朋好友，和兒子一起坐上了回港的班機。

在出關的時候，他不由自主地轉過身子，回望着這片既熟悉又陌生的土地，眼淚模糊了他的雙眼。他萬萬沒有料到，自己的祖國竟然如此貧窮落後！他想到了「國家興亡，匹夫有責」這句名言，作為炎黃子孫，自己能為祖國和同胞做些甚麼呢？

「敢為天下先」的「開路先鋒」

上海之行，使翔千與上海統戰部建立起了聯繫。一九七三年，他接受了上海統戰部的邀請，以香港棉紡業同業公會主席的名義組團訪問內地。這是「文化大革命」開始以後，香港工商界訪問內地的第一個代表團，翔千因此成為了打破兩地商交僵局的「開路先鋒」。

訪問團一共有十二個人，父母全部住在上海。團員裏有翔千好友郭正達，金泰線廠的大老闆。在香港，本土名牌服裝幾乎都離不開金泰生產的線，郭正達因而被人稱為「一代線王」。他不但與翔千私交甚好，女兒郭妤淺與唐英年也是青梅竹馬、兩小無猜，終至喜結連理，成就一樁姻緣。當然，這是後話。

根據安排，訪問團的第一站是上海，接着去杭州，最後一站是去北京拜訪中國紡織總公司官員。但是這個計劃在上海就被打亂了——離開故鄉這麼久了，與親朋好友這麼多年沒見面了，每一個人都有着說不完的話。結果，訪問團在上海呆了整整兩個月，成為了「探親團」。

在翔千的筆記本裏，記錄着那次訪問的一些片段：

在內地，男人穿西裝、女人穿旗袍，都被看作是「奇裝異服」，所以這次來上海，我穿的是人民裝，太太也穿得很樸素，沒怎麼化妝，出門前僅稍微抹一些口紅。

我們住在國際飯店，吃飯時我告訴 boy：「就按一百元一桌的標準上菜吧。」我見他愣了一下，滿臉狐疑地走了。結果那天菜端上一盆又一盆，足足有二十多道菜。原來，在上海三五元錢就可以吃到清炒蝦仁了！花一百元錢吃一頓飯，簡直成了「天方夜譚」。我只能將錯就錯，對大家說：「大家盡量多吃點，剩下來浪費了不好。」結果一個個都吃得連連討饒：「哎喲，肚子脹死了！」

晚上睡覺時，淑圻皺起了眉頭，對我說：「翔千，枕頭太硬了，想辦法換一個吧。」打電話給 boy，一連換了兩個還是不舒服，淑圻一賭氣，從手提箱裏拿出兩條圍巾枕在上面睡了。房間裏沒有空調，熱得很，她翻來翻去好久沒有睡着。衛生間洗臉池的龍頭壞了，滴水聲清晰可聞。我想，國際飯店已經是上海最豪華的酒店了，三四十年代遠遠超過香港，可今天上海的酒店跟香港根本不在一個檔次上。

翔千提到的下榻之地國際飯店，是上海年代最久遠的酒店之一，由國際著名建築設計師匈牙利人鄔達克設計，有二十四層，一九三〇年代被譽為「遠東第一高樓」。上海人對此樓之高引以為豪，坊間傳言：站在馬路對面看最高層，頭上的帽子會滑下來。作為上海最高的建築，國際飯店將這個紀錄一直保持了半個世紀。

上海統戰部負責人在外白渡橋旁邊上海大廈的餐廳裏宴請翔千一行，還叫上了方祖蔭。見到二十多年前的同事，翔千分外高興。

這一次來上海，翔千還有個心願，就是帶母親去香港繼續治療。醫生在母親手術後曾告訴家屬，病人已屬於癌症晚期，最多只能再活五年。聽到這個消息，翔千就忍不住流下了眼淚了。他打定主意，設法把母親接到香港，希望環境改變以後，醫療條件能更好一些，母親能多活幾年。

翔千母親離開上海以後，在香港一住就是十年。翔千千方百計尋覓本港及海外名醫為母親診治。這位出了名的大孝子，硬是讓自己的母親多活了整整十二年。

第十章

新疆之行

唐翔千任天山毛紡織品有限公司總經理及董事長

破冰之旅

一九七二年上海之行，所見所聞使翔千寢食難安，他萬萬沒有料到，魂牽夢縈的那片土地，竟然如此貧窮落後！對於你爭我鬥的政治現狀，作為一介平民，他無法也無力去做任何改變，他能做的唯有踐行唐氏家族的祖訓：實業救國。希望通過生意上的往來，讓自己的同胞能多掙些錢，多生產一些衣服鞋子之類的生活用品，一點一點地改善他們的生活。

他在尋找這樣的機會。

一次朋友聚會時，有人問他：「翔千，現在內地有棉花出口，你想要嗎？」說話的是中國紡織品進出口公司總經理王明俊，翔千和他的關係一直很好，只是從來沒有生意上的往來，因為那時香港人將內地視為畏途。翔千自成為「開路先鋒」以後，回上海、去北京，到內地的次數多了，心裏的恐懼褪去好多，所以聽王明俊說有棉花供應，應聲答道：「我當然要啊！只是不知道成色怎麼樣，合不合用？」

「你去實地考察一下吧，我派兩個人陪着你去蕪湖看看。」

就是這次對話，讓翔千成為採購內地棉花的「香港第一人」。

一九七四年秋，安徽蕪湖郊外白皚皚的棉花地裏，出現了三位從北京過來的客人，其中一位說話帶着無錫口音，相貌堂堂，談吐儒雅。他顯然十分懂行，彎腰摘下一朵棉花，放在掌心用手指捻一捻，再放在嘴裏抿一抿，然後滿意地點點頭，微笑着對陪同人員說：

「纖維雖然粗了一些，但這是長纖維，質量也很好。」

說話的便是唐翔千。這次蕪湖之行，時日雖短，收穫頗豐。其時，香港服裝市場正流行新款式，翔千遂將生產重點轉向針織衫，正好需要大批量長纖維棉花。過去，這種棉花只能從東非進口，如果能用上蕪湖棉花，又何必捨近求遠從毛里求斯進口呢？

過了質量這一關，接下來就是價格了。

談判的地點定在北京，談判的方式十分古怪，京城派出來的「談判大員」，就像是「複讀機」說來說去都是同一番意思。對於翔千提出的價格，他們只是不住地搖頭，似乎搖頭是他們唯一的權力。每一天都是上午開始馬拉松式談判，中午請翔千上全聚德，下午安排他參觀天安門、故宮、長城。

那次談判的結果自然是皆大歡喜，之所以談了又談、一拖再拖，是因為當時國人有一種思維定勢：香港商人個個唯利是圖，如果一個上午就結束談判，那不是明擺着出賣國家利益，讓他們佔便宜嗎？所以，儘管價格早就定下了，還是要與翔千消磨幾天。當然，這些「幕後新聞」，翔千也是後來才知道的。

那次談判以後，經國務院特批，每年都有三千噸棉花從蕪湖運抵香港。依靠這批優質棉，翔千使自己獨資創立的半島針織衫躍上一個台階，從原本的三十支提升為四十支。

翔千這一舉措，也創造了香港紡織史上的一個紀錄：第一個使用國產棉花的香港廠商。此舉還打破了香港紡織品市場由國外壟斷原材料的被動局面。

也正因為這次破冰之旅，才有了「文革」結束後的新疆之行。

何必捨近而求遠

從一九六〇年代末期，翔千就開始生產羊絨衫。

羊絨（Cashmere），也就是山羊絨，俗稱「開司米」，雖與羊毛僅一字之差，卻有雲泥之別。如果把羊毛比喻為人的頭髮，那麼羊絨就像人的汗毛，要稀缺、珍貴得多了。一隻羊的身上，一般只能梳取下來四五十克羊絨，而一件羊絨衫消耗的羊絨量是二百克。羊絨具有輕、柔、滑、糯等特性，用它加工而成的衣服，穿着舒適、手感柔軟、色澤艷麗、保暖性強。因此，羊絨被人們稱為「纖維寶石」「纖維皇后」或「軟黃金」。

一九六〇年代，羊絨衫是非常稀罕的一種商品，在美國市場上幾乎看不到甚麼影子，只有在那些高級的商場裏，才象徵性地擺上幾件。歐洲市場比美國好銷一些，不過，基本上是英國貨的天下。因為市場有限，所以半島針織生產的量並不多，大都銷往歐洲富裕國家。直到一九七〇年代，人們消費水平提高了，羊絨衫銷路才一點點好起來。

這一天，翔千約中國紡織品進出口公司總經理王明俊吃午茶，席間聊到了「羊絨」這個話題。

「王兄，我做羊絨衫的原料都是從日本進口的。可你知道這些羊絨的產地在哪兒嗎？」

「日本並不出產羊絨，還不是從我們的內蒙古、西藏、甘肅這些地方進口的？」

「就是呀，老兄，所以我想不明白啦！你說，羊絨的產地明明在中國，我們為甚麼不能自己紡點羊絨紗出來，而非要送到國外去加工呢？」翔千一臉疑惑。

「唔，這個想法有意思！」王明俊連連點頭。

「我們為甚麼要兜一個圈子，捨近而求遠呢？」

王明俊摸了摸下巴，沉思着說：「我建議你去一個地方看看。」

「甚麼地方？」

「新疆，那是一塊不可多得的寶地。」

翔千笑道：「我早就用上新疆的棉花了。新疆晴天多，雨水少，氣候乾燥得不得了，是種棉花的好地方。」

「除了棉花，我還要向你推薦新疆的羊絨。」

「聽說，新疆羊絨產量每年有三百噸——不少哪！」

「那裏羊絨不僅數量多，質量也好，纖維細軟，毛長均勻，捲曲勻密。你有空真應該去看一看！」

「好哇！」翔千二話沒說，當即答應下來。

王明俊的提議可以說「正當其時」。「四人幫」粉碎後，中國西部地區一直在醞釀如何利用資源優勢，推動經濟發展。一九七八年九月，新疆計委、外貿局、輕工局聯合向國家有關部門行文，希望採用補償貿易方式，與外商合作建立羊毛衫、羊絨衫出口專廠，改變自治區經濟落後的面貌。十二月二日，國家計委、外貿部、紡織部下文，正式批准新疆籌建羊毛衫、羊絨衫補償貿易專廠。

所謂補償貿易，又稱產品返銷，它既是一種貿易方式，也是一種利用外資的形式。其基本特點是：在信貸的基礎上，進口機器、設備、原材料等，雙方商定在某個時間段內，將生產出來的產品或勞務，分期償還所貸錢款。在改革開放初期，國家廣泛採用了補償貿易這種方式，不但有效利用了外資，而且擴大了商品銷售渠道，卓有成效地推動了外向型經濟的發展。

西行考察

不久，也就是一九七九年一月份，經香港華潤公司牽線搭橋，翔千踏上了西行之路。除了王明俊之外，同行的還有香港國際棉業有限公司董事長周孝先、香港華潤公司經理張慶福等。

都說「蜀道之難，難於上青天」，其實，西行之路何嘗不難？

在一九七〇年代，去烏魯木齊的航線屈指可數，從香港出發，非得先到北京轉機不可。抵達北京的第二天，為了趕上上午九點半那次航班，翔千他們一大早就離開賓館，提着行李趕到機場。誰知在那兒一直等到下午三點鐘，飛機還沒有起飛。從機場廣播裏知道，因為新疆上空的雲層很厚，所以飛機沒辦法降落。

老天爺發難，還能有甚麼辦法？翔千一行只得悻悻然打道回府。

第二天，大家還是這麼早起床，還是這麼匆匆忙忙趕到機場，還是眼巴巴地等到下午三點，最終還是照原路回到賓館。那時候，賓館裏通訊設施很差，根本沒法子與機場聯絡，所以只能傻乎乎地奔來跑去。

一直到第三天下午三點，飛機才在眾人的期盼下騰空而起。

到新疆，已是晚上九點鐘了。走出機艙，只見眼前白茫茫一片，宛如一個銀色的世界。地上的積雪很厚，因為氣候乾燥，那雪就像爽身粉一樣，滑溜溜的，捏在手心裏要好久才會變成雪團。

下榻的延安賓館在市中心，從機場到賓館，車子開了一個半小時。一路上，四周漆黑一片，甚麼也看不清楚，偶爾才見到幾處燈火，遠遠望過去就像小星星一樣，影單隻孤。

第二天，行程安排是實地考察。沿路看到的大多是土坯搭起來的矮房，屋頂上堆放着厚厚的稻草，門口擋風的棉簾子也破破爛爛的。路上幾乎看不到甚麼汽車，來來去去的儘是驢子車，慢慢吞吞地挪動着。

翔千他們參觀的第二織造廠，佔地面積大得簡直無法想像，廠房搭得東一間西一間的，又髒又暗；二三十台手搖針織機已舊得不像樣了，大部分不能再用了；一百多台織布機，也因為翔千他們參觀的緣故，才轉動了一部分。翔千簡直不敢相信，一個省會城市的紡織廠，設施竟然如此簡陋！

這家工廠有幾百個人，大多數是上海人。「老鄉遇老鄉，兩眼淚汪汪。」他們見到翔千親熱得不得了，一個個拉着他的手，問上海有甚麼變化、馬路上的車是否多了起來等等，有些人說着說着，眼淚就流下來了。他們都是一九五〇年代來到邊疆的，那時，都是十幾、二十歲，少年壯志，一腔熱忱，可到了這兒才知道，可以做的事情十分有限，很有些「英雄無用武之地」的感覺。然而，退路已經沒有了，戶口既然遷了過來，怎麼可能隨隨便便讓你再回到大城市去呢？何況離上海是那樣的遙遠，光一張火車票就要八十多元——在那個低工資的年代，這點錢不容易攢哪！

翔千參觀的另一家廠是七一棉紡織廠。這家廠給翔千的印象不錯，房子雖然舊了一點，可像模像樣的，只是廠裏的人實在太多了，竟然有一萬多個工人。在翔千看來，也許只要一個零頭，千把人就足夠了。

在參觀過程中，翔千發現廠裏生產的是粗支紗，使用的原料卻都是四十支紗。他大惑不解地問道：

「為甚麼用這麼好的原料？」

「多唄！新疆獨多這種原料。」

翔千更加糊塗了：「那為甚麼不賣給別人呢？」

「運不出去呀！沒辦法，只能自己用了。」

翔千仰天長歎：「太可惜了！」他想起了一首歌，曾經不止一次地聽人唱過，歌名好像叫「新疆是個好地方」。他感歎這兒確實是個好地方，不但面積超級大，而且資源特別多，只是這片土地還昏昏沉沉地睡着，沒有徹底甦醒過來。

接着，翔千一行去參觀牧場。牧場在石河子，離烏魯木齊有一百多公里。他們坐的是一輛上海牌轎車，儘管每人身上蓋了一件棉大衣，依然凍得渾身發抖。刺骨的寒風從縫隙裏鑽進來，車廂裏就像冰窟窿一樣。因為下雪，車子只能開二三十碼，原本兩個鐘頭的路足足開了四個半鐘頭，車子停下來的時候，翔千的兩隻腳已經凍僵了。

牧場裏空空蕩蕩的，由於怕冷，羊都躲進了屋子裏，只留下一灘一灘的羊糞，遍地都是，一腳踩下去，粘粘乎乎的。翔千想到了不久前去過的澳洲，那兒的牧場乾乾淨淨的，看不到一堆羊糞，也聞不到羊尿的臭味。這種反差，令他感歎不已。

石河子這個牧場，放養的羊並不多，才三四百隻。翔千知道，在新疆，類似牧場多得不計其數。

在回城的路上，翔千被領到了烏魯木齊郊野的一塊空地上。對於一個生活在寸土寸金城市裏的香港人來說，這地方大得叫人目瞪口呆，放眼望去幾乎看不到邊際。新疆的朋友直言相告，希望翔千能投入重金，在這兒建造一座現代化大工廠。

把話說到這個份上，還能一口回絕嗎？

平心而論，在來新疆之前，翔千不過是想看一看而已，可一圈轉下來，卻有點「兒女情長」、難分難捨了。就像打翻了五味瓶，他心裏甚麼樣的滋味都有。

新疆，確實遍地都是寶。然而，真要掘到這些寶，難哪！

晚上，躺在賓館裏，聽着窗外呼嘯的狂風，翔千想得很多很多。他的眼前不時浮現出父親的面容，彷彿聽到了他的諄諄教誨：「你要帶一個頭，回來投資辦企業，為國家做點事情。如果虧了錢蝕了本，就算是孝敬我好了。」——這是父親不久前在電話裏說的話，而且說了不止一遍。

是啊，經過了十年浩劫，中國多麼需要外來的資金、技術、管理和人才啊！身為炎黃子孫，難道不應該為祖國做點甚麼嗎？

只是，翔千沒有想到，後來所碰到的事情，竟然會如此不可思議，令人啼笑皆非……

營商觀念上的差距

一九七九年一月的西部之行，促使翔千作出了投資新疆的決定。

雙方初步商定，在烏魯木齊建設一個綜合性的毛紡織針織企業，由香港方面提供先進的生產設備和工藝，新疆則用生產出來的產品逐步償還。

隨後，雙方進入了談判階段。出乎翔千的意料，一切似乎順利得無話可說。無論他提甚麼要求，新疆方面絕無二話。

「水、電、煤、路，『四通一平』沒問題吧？」翔千問。

「絕對沒問題。」

「原料不會有問題吧？」

「保證供應。」

「紡織品出口配額呢？」

「有，你要多少，給你多少。」

看到他們一再拍胸脯保證，一個勁兒地說「好辦」，翔千反倒疑惑了：這哪兒像是做生意呀？簡直是送上一個金礦，坐等着發財嘛！

世界上，真會有這樣的好事情嗎？

進一步談下去，翔千發現不對勁了，雙方在認識上的差距，簡直是天壤之別。

投資做生意，總得考慮成本、利潤吧？對於翔千提出的問題，新疆方面一笑置之，好像這是杞人憂天。

原來，新疆方面完全是按照計劃經濟體制下的那一套來算賬的：原料是國家計劃供應的，成本＋運輸＋管理費＋百分之二十六的利潤，就是產品的定價，所有成品全部由國家按照這個價格收購。按照他們這個算法，辦廠不賺錢才是天方夜譚。

「我們辦的這一爿廠，與國營企業是不一樣的，國家既不會保證供應原材料，也不會百分百收購成品，一切都得由市場決定。」

「這……」聽翔千這麼一說，對方開始搔頭皮了。

說到人的問題，雙方更談不攏了。在他們眼裏，人事權與翔千無關，不僅董事長一職要由新疆方面出任，所有的人也必須由他們指派。他們認為，翔千是管業務的，管人的事只能由共產黨的書記負責。這，是天經地義的，因為這麼多年來就是這麼做的。

諸如此類的問題，翔千還遇到許多。這麼談了幾次以後，因為牛頭不對馬嘴，根本無法溝通，這件事也就擱了下來。

翔千把這些情況寫信告訴父親，唐君遠回答說：「慢慢來，別灰心，畢竟你是開路先鋒嘛！」

問題接踵而來

一晃，幾個月過去了。眼看這個合作項目就像天山上的雲，快要無聲無息飄走了。自治區領導急了，由副主席親自帶隊，領了一個代表團來到香港。

這一次，新疆方面顯然是有備而來，說出來的話與先前大不相同。雙方的觀點接近了，談判也順利多了。最後，雙方簽訂了《羊毛衫、羊絨衫補償貿易協議書》和備忘錄，商定共同投資一千三百萬美元，組成一個補償貿易專廠，直屬自治區政府，由自治區副主席親自掛帥。

不久，毛紡廠的廠房就破土動工了。可翔千還沒有來得及高興，一連串的麻煩就接踵而來——他沒有料到會遇上這麼多困難。

當初，翔千去看毛紡廠那塊地皮的時候，感覺還是不錯的。他聽說為了選定這一片廠址，自治區副主席白成銘、區副主席兼計委主任張思明和烏魯木齊市委書記任戈白，親自察看了好幾個地方，最終拍板定下實施方案，並確定了基建施工單位。

新廠建在延安賓館附近，車程只需五分鐘時間。在烏魯木齊，延安賓館是很有名氣的，翔千原本以為，在這麼好的賓館附近建廠，水、電、煤的配套應該不會成為問題。然而，翔千錯了。「水、電、煤、路」等基礎設施，幾乎是和廠房同時開工的，原先所謂的「四通一平」，是子虛烏有的事情。

翔千也沒想到，烏魯木齊市政府竟然「窮得叮噹響」。工程進行到一半的時候，他們跑來和翔千商量：「基建總共用去一千四百多萬元，烏魯木齊實在拿不出錢了，你能不能補貼一點？」話講到這個份上，翔千還能再說甚麼呢？再說，他已經騎虎難下了。最終，這部分錢翔千出了三分之一，烏魯木齊市政府出三分之一，還有三分之一由自治區拿出來。

在內地辦一家大型毛紡廠，分梳技術和設備是一個大問題。

分梳是羊絨加工過程中非常重要的一個環節，因為從山羊身上取下來的絨毛，其中夾雜着不少粗毛和皮屑，必須經過分梳這一道工序將其剔除。分梳水平的高低，直接影響到羊絨衫質量的好壞。在一九七〇年代末，內地在羊絨分梳方面尚是空白，全世界只有英國和日本才能達到一流水準。

翔千先給一位英國朋友打了電話，那人是不列顛王國最大的毛紡廠的老闆，翔千向他表明了合作意向。

那家英國公司每年都要從中國進口五百噸羊絨，老闆擔心翔千在新疆辦起了工廠以後，會影響他的生意，因此顯露出一副不情不願的樣子，還特地給翔千寫了封信，婉轉地勸他放棄這個計劃。英國老闆說：「翔千，我們是朋友，所以我忠告你，新疆地方荒涼，交通不便，不是辦廠的地方，我勸你不要做這件事情。自然，我也不會有興趣參與合作。」

英國人把那扇門關掉之後，翔千轉身去找日本大阪東洋紡絲工業株式會社社長小林龍三。這家公司做羊絨衫已有一百多年歷史，翔千和小林龍三已合作了十多年。出於同樣的擔憂，小林龍三也不肯把技術輸入中國，惟恐被日本同行罵作「賣國賊」。為此，翔千專程去了三次日本，每一次都至少和小林龍三談五六個小時，有一次甚至談到凌晨二三點鐘。幾個月後，小林龍三終於被翔千的誠意所「感動」，同意就新疆這個項目進行合作。

在翔千安排下，由弟弟唐崙千陪同，大阪東洋紡絲工業株式會社派員到新疆實地考察，並就引進羊絨分梳技術及購買分梳設備這些問題進行商談。翔千沒有想到，他千辛萬苦爭取的這個機會，竟然招來一片反對聲。不少新疆人一口咬定東洋貨是「劣質貨」，認為英國的羊絨加工設備才是最好的。翔千不知費了多少口舌，他們就是不相信。翔千非常理解同胞這種「自信」：中國剛剛從「文革」中走出來，長期的閉關鎖國，使得國人孤陋寡聞，信息閉塞。為此，翔千只得勸說他們走出國門，去日本東洋紡絲實地看一看。

一九七九年八月，自治區計委副主任丁兆琪率工程技術人員谷貽濤、李汝誠等，坐飛機前往日本。與此同時，新疆方面組織一部分人去珠海香洲毛紡公司考察，另一部分人前往內蒙古、蘭州、天津等地，重點考察了內蒙古東勝毛紡公司（即現鄂爾多斯羊絨製品股份有限公司）。在事實面前，新疆方面終於給了小林龍三家族一個正面的評價：「東洋貨不錯」。

在新疆方面確定從日本引進羊絨分梳和紡紗設備以後，翔千終於鬆了口氣。

成立第一家中外合資紡織廠

一九七九年七月一日，正當新疆羊絨衫、羊毛衫補償貿易專廠進入實施階段的時候，《中華人民共和國中外合資經營企業法》頒佈了。翔千在香港看到這個消息以後，立馬聯想到新疆正在運作的項目：能否把「補償貿易」轉為「合資經營」呢？走出這一步，對新疆、對中國對外開放，都具有標本意義。

有意思的是，遠在北京的高層領導，也想到了這個方案。這年七月，當丁兆琪副主任專程到北京向國家計委副主任顧明和中國銀行副行長卜明匯報與翔千合作項目的進展情況時，兩位領導都建議將合作方式改為合資經營。

真所謂「英雄所見略同」，既然雙方一拍即合，創造歷史只是時間問題了。

在二十多年閉關鎖國之後，中外合資經營成了「新生事物」，公司成立的合同、章程、可行性報告等，只有概念，而沒有可以借鑒的官方文本。於是，翔千和新疆計委領導一面商量一面起草，形成文字後上報到國家外國投資管理委員會、中國紡織品進出口總公司審批。當時，國家外資委剛剛成立（一九七九年八月成立，谷牧任主任，汪道涵任副主任，負責管理中外合資項目），如何管理外資是一個全新的課題，缺乏現成的經驗，他們對新疆方面報上來的合同、章程等逐條逐句研究之後，開出了一個徵求意見的名單，委派專人前往國家計委、經委、外貿部、財政部等十多個部委登門拜訪，聽取他們的意見。

這一天下午，翔千飛到了北京。之前，從日本引進的設備，在通關和專列運輸上遇到了麻煩，按正常程序走的話，工程進度起碼得延後大半年。時間就是金錢，先別說市場瞬息萬變，今天的熱門貨明天可能成為滯銷品，就是銀行貸款的利息也不是一筆小數目。翔千焦慮萬分，決定向他的老朋友汪道涵求助。

汪道涵，一九九一年海峽兩岸關係協會在京成立，德高望重的汪道涵被推舉為會長，並於一九九三年在新加坡與台灣海峽交流基金會董事長辜振甫會晤，「汪辜會談」這一里程碑事件，成為海峽兩岸走向和解的千古佳話。

汪道涵最大的個人嗜好就是「逛書店」。在上海的書店裏，經常可以看到這位市長的身影。在翔千記憶中，汪道涵每次來香港，唯一的請求就是陪他去書店轉轉。汪道涵書癮極重，只要一進書店就物我兩忘，手不釋卷。翔千就先去外面辦點事，然後再回書店接他，其時汪道涵總是一臉滿足、滿面紅光，笑嘻嘻地說，「我又淘到了幾本好書！」

當初，也正是汪道涵的推動，翔千才堅定了到內地辦廠的念想。一次，在麗晶酒店吃早茶時，汪道涵對翔千說：「你是香港工業總會主席，有沒有想過做投資內地的『香港第一人』呢？」這句話，讓翔千度過了好幾個不眠之夜。

且說翔千為引進設備一事趕到北京，剛在王府井飯店住下，先行抵京的丁兆琪就打來電話：「唐先生，問題解決了。等會兒我帶個朋友來看你。」電話裏，丁兆琪按捺不住心中的喜悅。

丁兆琪沒多久就來了，與他同行的是一位身材偉岸的男子，戴寬邊黑框眼鏡，一進門就熱情地伸出手：「唐先生，我是外資委的，我叫江澤民。」

這是翔千與江澤民的第一次見面。是時，江澤民剛進外資委不久，擔任副主任汪道涵的助手。聽說翔千從日本引進設備遇到了種種麻煩，汪道涵請江澤民出面想辦法解決。在與相關部門溝通後，海關總署和鐵道部分別下達了批文，指示「優先放行」。

聽完介紹，翔千異常高興，心中一塊石頭落地：「江先生，等會兒請你共進午餐，我一定要好好謝謝你！」

江澤民笑着站起身：「唐先生不必言謝，我們外資委有責任為中國第一家外商合資工廠保駕護航，你有甚麼困難儘管告訴我們，汪主任說了，『一定要想辦法解決。』」

這一次見面，談了兩個多小時後江澤民才握手告別。說來真是有趣，在到處都是「京片子」的皇城根下，這兩位來自南方的談話者，一個講的是無錫口音的上海話，一個講的是揚州口音的上海話，大有「他鄉遇故知」的感覺，相談甚歡，坐在邊上的丁兆琪似懂非懂，如墜雲裏霧裏。

從此，翔千開始了和江澤民的交往。他發現這位官員深謀遠慮，視野開闊，辦事踏實，極有主意。多年以後，時任上海市委書記的江澤民在遇到翔千時，開口第一句話便是：「唐先生，天山毛紡廠是我幫你牽線談下來的喲！」說完，兩人哈哈大笑。

一九八〇年五月，國家外資委由汪道涵主持對「天山毛紡」的合資項目進行了審核，六月二十三日，國家外資委以外資審字〔一九八〇〕五號文件正式批准設立中外合資經營新疆天山毛紡織品有限公司。

中國第一家中外合資紡織廠在新疆誕生了。

辦法總比困難多

一九八〇年七月，「天山毛紡」廠房破土動工。按照新疆的地理環境，最適合造房子的時間是每年四月到十月，十一月份以後就不能造房子了，因為天氣實在太冷，零下二十多度，水泥都結冰了。當時，翔千並不知道這些，只是希望能早點把廠房建起來。新疆方面也希望盡快竣工、投產，因為是借了債「上馬」的。

為了保證工程質量，翔千多次飛赴新疆，並在工地上搭了一間房子。那些日子裏，儘管屋裏燒着火爐，但因為房子四處漏風，仍然冷得直跺腳。最麻煩的是上廁所，廁所建在房子外面——其實，那根本算不上廁所，只是搭一間小茅房再挖幾個坑，坑上鋪幾塊木板。每上一次廁所就得「頂風冒雪」，真是苦不堪言。有人開玩笑說：「小便也要結冰。」

儘管天氣冷得出奇，但大家的心裏卻是熱乎乎的，僅僅用了一年時間，就完成了四萬平方米的基建任務。為了趕時間，看見水泥結冰就用火烤——辦法總是比困難多。

一九八一年三月底，基建施工進入尾聲，五月轉入設備試運轉，七月全面試生產，十月一日正式開工投產。僅僅十五個月，一個全新的毛紡企業就在天山腳下建成了，

01 —— 唐翔千在新疆天山毛紡廠（1986 年）

02 —— 天山毛紡織品公司的紡織廠及維族女工

翔千好開心，這種建設速度只有在內地才會夢想成真！

一九八一年一月一日，新疆天山毛紡織品有限公司正式掛牌成立。《人民日報》、《新疆日報》以及香港《大公報》等中外媒體，都在第一時間報道了這個消息。

雖說好的開頭是成功的一半，但真正要走向成功依然困難重重。翔千遇到的第一個障礙就是質量問題。按理說，新疆的山羊絨和細羊毛品質一流，日本、意大利、德國的設備、技術和管理方法也無可厚非，產品質量應該不會有甚麼問題，可是實際情況並非如此。翔千發現，由於原料處理的許多環節缺乏監管，以至於質量達不到要求，最終影響到成衣的品質。翔千明白，這是內地大部分行業的通病——粗放式經營。要改變幾十年來形成的大大咧咧的工作習慣，實施「精細化管理」，談何容易?!自己能夠做的，就是想辦法改善「小氣候」，將產業鏈逐漸延伸到上游環節。根據這個思路，他先是形成了以公司為核心的牧民養殖群體，此後又組成了近八千人的協作企業群。

翔千遇到的第二個障礙是運輸問題。將貨物從新疆運到香港，兩個星期應該足夠了，可因為一路上要轉運幾個站點，結果貨物不是卡在鄭州、廣州，就是滯留在誰也不會想到的甚麼地方，拖延一二個月是家常便飯。羊絨衫、羊毛衫是季節性很強的東西，過了這個時間，也許得第二年才能進入市場，不但壓住了資金，而且風險極大：今年流行的款式，明年也許就淘汰了。

翔千遇到的第三個障礙是政策問題。根據規定，即使企業辦在共和國境內，可因為有外資成分，所以購買羊絨羊毛等原料也必須支付外匯，而國家對匯率採用雙軌制，官方匯率和市場匯率是兩種價格，一個高一個低，致使公司在第一年出現了六位數字的虧損。本來這也是意料之中的事，有幾家企業一開張就能賺得盆滿缽滿？因此，翔千並沒有把這點損失放在心上。他所意料不到的是，北京一些領導了解到這個情況之後反倒坐不住了，因為根據各方面匯總上來的情況，全國第一批合資企業沒有一家賺到錢，若如此，誰還會拿着美元、日元、港幣來投資呢？時任國務院副總理姚依林在一份關於「天山毛紡」的報告上批示：「請經委、財貿會同財政、銀行、物價、稅務等部門研究一下，提出建議，使這個合營企業改變虧損狀態，有利可得。」之後，國家有關部委派人赴新疆調查，從而催生了國務院一九八三年第四十五號文件。根據這個文件，合資企業在國內購買原料可以用人民幣付款，以減輕了外匯的利息負擔，並在稅收方面給予了一定優惠。

經過方方面面的努力，「天山毛紡」在成立第三年就扭虧為盈了，此後最好的年份甚至有將近一億元的利潤，各方投資都得到了高額回報。翔千並沒有將利潤收入囊中，一分錢也沒有轉入香港的賬戶，全都留在了內地，用於新疆項目的後續投入，並在其他省市選擇投資項目。

公司運營正常後，翔千每年依然要去新疆六七次。經過多年苦心經營，「天山毛紡」慢慢形成了從綿羊、山羊優良品種的研究、養殖，到原毛、原絨的初步加工，從染色、紡紗、織衫，到品牌銷售和產品出口的完整的產業鏈，一年可加工羊絨紗及混紡紗七百噸，生產和銷售羊絨衫及混紡衫二百萬件，國內市場佔有率達到了百分之六。一九八九年，「天山毛紡」實現稅利一億五千多萬元，相當於公司當年總投資的五倍，年創匯四千多萬美元，榮登中國十大最佳合資企業排行榜的榜首。一九九四年，公司改制為股份有限公司，註冊資本增加至二億五千三百萬元。一九九八年，公司在深圳證券交易所上市，總股本約三億六千萬股，總資產為六億元人民幣。

通過與國際知名品牌合作，「天山毛紡」依照國際羊毛局標準和各國消費者偏好，制定了不同的生產工藝，使得公司在國際羊絨加工企業中擁有了無可爭議的技術和質

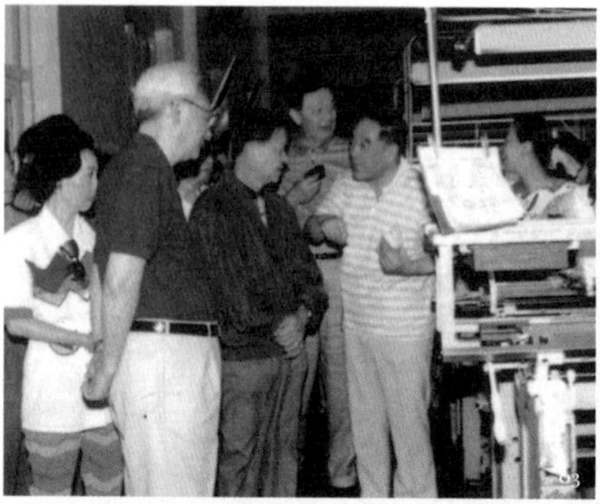

03 —— 唐翔千向魯平等客人介紹天山毛紡織品公司的發展情況

04, 05 —— 1992 年唐翔千夫婦邀請港事顧問及工商、教育界知名人士組成「香港赴新疆經濟考察團」赴新疆作友好訪問。圖為唐翔千與時任港澳辦主任魯平先生在接待宴會上。

量優勢。「天山毛紡」的羊絨、羊毛衫，不僅在國內具有很高的知名度和美譽度，而且深受國際市場歡迎，產品遠銷美國、英國、德國、加拿大、瑞士、日本和韓國等國家和地區，並被日本、美國、意大利等國認定為免檢產品。

正當翔千踏着皚皚白雪在新疆「戰天鬥地」的時候，其父唐君遠與一批實業界朋友組建了上海工商界愛國建設有限公司（後改制為上海愛建股份有限公司），出任監事會監事長，並當上了上海市政協副主席。老爺子戴着老花鏡在燈下給翔千寫了一封信：

翔千，我年紀大了，但國家對我還是很重視，也很照顧我。等你把新疆的工作安排好，有機會也來上海投資吧。我們唐家要為上海建設出一把力，做出一些成績。

翔千本來就對上海情有獨鍾，讀完父親的來信，他當下就讓人預訂了飛往上海的機票。

第十一章

上海情懷

時任上海市委書記江澤民、市長朱鎔基會見唐翔千夫婦（1979 年，上海）

新時期的恐左意識

一九七九年春天，中共上海市委統戰部長張承宗即將率團訪港的消息，在香港的上海人圈子裏傳開了。經歷過「年年講、月月講、天天講」階級鬥爭的「文革歲月」，一聽到「統戰」二字，大家馬上聯想到了「中統」、「軍統」這些特工機構，「統戰部」會不會也是這一類「特務」部門呢？

作為張承宗此行的邀請者，唐翔千家裏的電話一下子多了起來。香港朋友問得最多的問題就是：「他們怎麼會想到來香港？」「此行到底有甚麼目的？」還有人關照翔千，「到時候見面、吃飯、開座談會，千萬不要叫上我噢！」

也難怪，剛剛經歷了十年浩劫，翔千身邊的這些「資本家」朋友，哪一個留在內地的家人不是被整得死去活來？甚麼「裏通外國」呀，甚麼「漢奸」、「特務」呀，甚麼「吸血鬼」呀，隨便套上一個罪名就衝進屋子抄家、拉到街上游鬥，別說沒有一點做人的尊嚴，有時候簡直是豬狗不如呀！如今「文革」雖然過去了，一個個依然心有餘悸，真害怕再撞上甚麼霉運！

這一邊廂，香港人忐忐忑忑，害怕惹上無窮無盡的麻煩；那一邊廂，張承宗也承受着巨大壓力，抵禦着各種各樣的干擾。

那是一個被稱為「新時期」的特殊年代，百廢待興，百業待舉，幾乎所有人都憋着一股勁，求學讀書的挑燈夜戰，上班幹事的夜以繼日，都想把十年中失去的時間補回來。張承宗也在苦苦思考着，怎樣打開統戰工作的新局面，怎麼充分調動各方面的積極性。在認真思考、反覆調研之後，張承宗終於形成了一個完整的思路：將海外統戰工作作為自己工作的一個重要方面，其中，香港是重中之重；在香港，商界中的上海幫（包括江浙一帶跑到香港的商人）是重中之重。因為在當時五百多萬香港人中，上海人的比重相當高，差不多每八個人中就有一個上海人，而且在香港工商界，上海人有着舉足輕重的地位。這些人絕大部分是非常愛國的，強烈希望國家能越來越富強、人民能越來越富足。但他們也很害怕共產黨再搞政治運動，害怕現在的改革開放政策會收回去，因而疑慮重重。

思路雖然理清了，但真要走出這一步哪有那麼容易?!那時，「左」的思潮還像幽靈一樣，不願意退出中國政治舞台，中國人每說一句話、每走一步路，總要看一看是不是「右」了，會不會引來「復辟資本主義」的非議，終日心驚膽戰，處處畫地為牢。

聽到張承宗要帶上大資本家到「資本主義」的香港去探親訪友，黨內一些人很不以為然：這些人到了外面能幹出甚麼好事，說我們甚麼好話？幾十年來，他們在內地幾乎沒有過過幾天舒心的日子，不是「社會主義改造」把他們的私人資產變為公共財產，就是「興無滅資」在把他們的家抄了個底朝天。他們解放前天天過着錦衣玉食的生活，解放後一落千丈被整得苦不堪言。在內地的政治高壓下，他們唯唯諾諾、規規矩矩，到了香港還能指望他們做正面宣傳？還不把我們罵得一錢不值？更加麻煩的是，他們到了香港就會發現，那裏的親戚朋友並沒有「生活在水深火熱之中」，反倒是一個個發了大財，過着人上人的富豪生活，當初留在上海只怕連腸子也悔青了。如今置身所謂的「自由世界」，還會像「乖乖寶」那樣跟在你張承宗後面回來嗎？只怕是逃難一般溜之大吉了！

儘管阻力重重，張承宗還是帶着訪問團登上了飛往香港的航班。

恐懼感慢慢消失

一九七九年三月十一日，張承宗率領的上海工商界經濟代表團飛抵香港啟德機場，同行的有副團長劉靖基，團員唐君遠、劉念智、郭秀珍、陳元欽，楊延修、吳志超、丁忱和馬韞芳。在接機處，訪問團的許多親友早就守候在那兒，一看到自己的親人情不自禁地撲了過去，大廳裏一片歡聲笑語。

在翔千主持的歡迎宴會上，儘管他安排了內地親友久違的龍蝦、魚翅這些名貴的大菜，但大家只顧着說話，偶爾才蜻蜓點水般吃上一二口，有幾個人甚至自始至終沒有動過筷子。長久的分離、無窮的思念，使大家分外親熱，都有着說不完的話語。看着這樣的場面，翔千感慨萬千，他試探着輕聲問張承宗：「張部長，我有一個不情之請——如果張部長您覺得不妥當，用不着為難，儘管爽爽氣氣地回絕我——晚上，能不能讓大家住到香港親戚的家裏去呀？」

張承宗一愣，他還沒思考過這個問題。讓大家單個兒行動，說實在的，還真有點風險。那時，對外開放的大門才剛剛打開，大家對「資本主義」花花世界還有着根深蒂固的警覺，害怕倒在「糖衣炮彈」的下面。所以，到了境外即使要上大街，一般也必須有兩三個人在一起，這樣即使想玩甚麼「失蹤」的把戲，也就沒那麼容易了。——對共產黨組織裏的人尚且如此，對這些工商界人士風險就更大了！然而，拒絕唐翔千的這個建議，也實在有點不近人情。這次香港方面就是以探親訪友的名義邀請大家出來的，大家好多年不見了，硬生生拆開實在說不過去！

張承宗稍作考慮後答道：「我相信，唐先生的建議也是在座各位朋友心中的願望。這樣吧，凡是團員中香港有親戚的，晚飯後想住親戚家裏的都各遂其願，只是有一點千萬要答應：明天早晨九點之前一定要趕回酒店，參加訪問團的集體活動。」

翔千沒想到張承宗答應得這麼爽快，站起身來連連作揖：「謝謝張部長，讓您為難了！」

滬港交流　增進了解

翔千為訪問團作了精心準備，走訪的機構有中華總商會、香港生產力發展協會、香港貿易發展局、香港《大公報》社、新華社香港分社以及紡織、電子、玩具等各類企業。翔千希望能通過這種安排，使得訪問團盡可能多地了解香港社會，盡可能多地結交各方面朋友。

有「世界船王」之稱的包玉剛，聽翔千說自己的寧波同鄉張承宗來港，便請訪問團所有成員坐上他的私人遊艇遊覽維多利亞港，看看香港美麗的海景。

董浩雲也是香港航運鉅子，他告訴翔千，因為自己在解放軍「百萬雄師過大江」時，曾把旗下航運公司的總部遷往台灣，以至於現在依然與台灣有業務往來，在國共兩黨嚴重對立的環境下，由他出面接待多有不便，可又不願意失去這個機會，為此派兒子董建華安排大家參觀「海上學府」。在甲板上、船艙裏，董建華一邊領着大家參觀，一邊告訴大家，父親董浩雲最愛說一句話，「讀萬卷書不如行萬里路」，為此他一直想建造世界上第一所海上大學，招收的學生來自世界各地，聘用的教授也來自世界各地，學生們在海上吃住、讀書、玩耍，隨船遊遍五個大洲。當年，孔老夫子帶着弟子周遊列國，他的「列國」其實僅僅是神州大地，董浩雲希望能讓「海上學府」的學子真正周遊世界各國。

十多天的參觀訪問，使張承宗看到了香港社會的另一面，這是出來以前無論如何也想不到的——「資本主義世界」好像並沒有像我們所宣傳的那樣一無是處，市面繁榮，老百姓的生活好像也很不錯。儘管共產黨犯下了一連串左傾錯誤，但香港的富裕階層依然對中華民族復興寄予厚望，只要一談到「愛國」，一說到「振興中華」，他們就會眼睛發亮、激情澎湃，一副躍躍欲試的模樣。

與張承宗一樣，香港的「上海幫」也在細細打量訪問團裏的共產黨人。翔千發現，隨着時間的推移，大家的恐懼感正在消失。因為共產黨派來的大官並沒有想像中那麼可怕，反倒是慈眉善目、溫文爾雅，平日裏與人說說笑笑，並沒有甚麼隔膜。

兩個星期的時間很快就過去了。分手的時候到了。在機場，翔千握住張承宗的手久久不放：「張部長，照顧不周，請多多包涵。」

張承宗笑着說：「唐先生見外了，你我之間還用得着這麼客套嗎？不是不周到，是周到的無可挑剔！閉關鎖國幾十年了，走出來看一看太值得了，太有必要了！」

「滿意就好。這些日子，我總是怕這怕那的，怕給上海朋友帶來不快活，如今平平安安把您們送上飛機，我今晚也就可以睡個安穩覺了。」

「不瞞您說，在飛來香港的航班上，我還顧慮重重呢！這次到香港訪問，我是冒了大風險的，好多人有不同意見！不過，現在看來，這一步走對了——即使有再大的壓力，我也坦蕩蕩沒甚麼害怕了！」

翔千笑了，兩眼瞇成了一條縫。

送走張承宗一行之後，過了將近七個月，一九七九年十月二十日，翔千帶了香港工商界代表團回訪上海。時任中共上海市委書記彭沖親自出面，在專門接待尊貴客人的錦江飯店小禮堂，宴請翔千帶來的二十多位香港朋友。

在上海參加了一些活動後，香港工商界代表團由張承宗等陪同赴無錫遊覽。這天僱了一條船遊覽太湖，並在船上安排了精美的午餐。置身湖光山色之中，回憶起泛舟維多利亞港灣的美好時光，張承宗即興吟詩一句，「萬頃水載萬頃情」，然後笑呵呵看着香港朋友徵求對聯。香港商界名流吳中一和「石油大王」劉浩清相視一笑，稍作斟酌後朗聲應道：「同心話結同心花」。這一上一下對仗工整，情景交融，引得翔千等人連連拍手叫好。

香港工商界代表團離開以後，滬港之間的交流更順暢了，兩地人士來來往往成為了稀鬆平常的事情。

不久，汪道涵出任上海市長，一次在與翔千見面時直截了當對他說：「翔千，你在新疆做得風生水起，我們上海人眼紅得很哪！你甚麼時候也來這裏辦一家工廠呢？」

翔千頓了一下，正色道：「汪市長，不瞞您說，翔千早就有這個心思了！而且，不但我自己會來，還會帶着香港朋友一起來投資辦公司。」

「謝謝，謝謝！」汪道涵笑着說：「那就請你做個開路先鋒吧！」

其實，在汪道涵開口之前，有一個人也在催促翔千來上海辦廠，這就是他的父親唐君遠。幾個月前，唐君遠作為上海市工商界代表團成員去香港訪問時，便對兒子和盤托出了心中的想法：「翔千，唐家也要為上海『四化』建設作出點貢獻，建一個工廠，引進點設備。現在，人民政府把我們這些工商界人士看作自己人，我們就要像個自己人的樣子。」之後，在女兒唐新璎離家去香港探親時，唐君遠又再三叮囑她：「新璎，別忘了叫你大哥回來為上海做點事情！」

就像思鄉的遊子，聽到一聲聲召喚，情切切歸心如箭。對翔千而言，回上海辦廠已經不是早一點或者晚一點的問題，而是事不宜遲、越快越好！

看中浦東的發展潛力

雖說回上海投資是確定無誤的事情，但真要走出這一步，翔千還是小心翼翼、反復盤算。他知道，辦企業是投資行為，而不是捐款做慈善，如何做出好的商業計劃、設計好的盈利模式，這是項目能否成功的關鍵，比投入幾百萬、幾千萬元更加重要。唯有投資賺錢了，自己身邊的香港朋友才會跟過來開廠，才能吸引更多的外商來幫助上海發展經濟。

在與上海紡織局的領導多輪商談，並對市場進行充分調研、對項目可行性進行認真分析之後，翔千確定了投資方案，並將廠址定在了浦東。

在當時，這絕對是一個冒險的決定。在一九八〇年代初期，浦東還像一塊未開墾的處女地，沒有多少商業氣氛，一到夜裏街上就看不到幾個人影，只有低矮的民居裏露出星星點點的燈光。從浦西到浦東的公共交通只有擺渡船，又破又舊，四面透風，下雨天周邊座位幾乎沒法坐人，雨水會吹打到你的臉上，到了冬天刺骨的寒風更是讓人無處藏身。每當上下班高峰時候，船上停滿了自行車；過了這段時間，輪渡少得可憐，等上刻把鐘半個小時，是家常便飯的事情。所以，那時上海人中有一句順口溜：「寧要浦西一張床，不要浦東一套房。」正是因為浦東還成不了氣候，使翔千看到了投資的潛在價值——上海現在就像剛剛醒過來的雄獅，重振雄風是早晚的事。根據香港的經驗，一旦經濟繁榮了，肯定要大興土木造房子，何況上海好多人家都是兩代同室甚至三代同室呢！浦西的中心城區已經很擁擠了，和平飯店、大世界、城隍廟不可能拆掉了蓋高樓大廈，這些都是一個城市的經典。浦東就沒有這方面的限制了，城市開發向浦東延伸，是必然會做的事情。現在拿下浦東一個廠區成本不會很高，一二十年之後，那價格恐怕就天差地別了！當初，香港不就是這麼走過來的嗎？

一九八〇年八月三十一日，翔千和上海紡織局簽署了成立合資公司的合同和章程，根據當時內地的流行做法，上海紡織局是控股方，佔股百分之六十，港方股份為百分之四十，總投資六百萬美金。上海紡織局局長張惠發親任董事長，翔千出任副董事長。簽字儀式安排在外灘的市政府大樓裏，為彰顯這一合作成果非同一般，市長汪道涵特意邀請唐君遠出席簽字儀式，還囑咐工作人員打開正門迎接客人——平時，這兩扇大門是很少打開的。當翔千和父親穿過昂然而立的兩隻石獅子，邁進大門，一步一步走上台階時，心中就像身後的黃浦江無法平靜。將近一年之後，即一九八一年七月二十六日，翔千拿到了國家工商局頒發的「滬字第〇〇〇〇一號」營業執照。上海第一家滬港合資企業——上海聯合毛紡織有限公司終於誕生了。

公司掛牌那天，翔千一大早就穿着西裝、打着領帶，笑容可掬地站在大門口迎接來賓。上海市副市長陳錦華來了，市委統戰部部長張承宗來了，已經被推選為上海政協副主席的唐君遠來了……那天，接待領導、接待嘉賓，一起剪綵、陪同參觀，介紹、匯報……翔千雖然忙得團團轉，但心裏像抹了蜜一樣——在離開故鄉三十年之後，重新回來展開生命中全新的一頁，那是一件多麼有意義、多麼令人興奮的事情呀！

改善營運效率

「聯合毛紡」選址浦東陸家嘴，利用原上海麻紡廠的廠房和人員，從意大利、德國和日本引進了先進設備和先進技術。根據翔千的設想，公司的發展戰略可以概括為「兩頭在外」：從國外引進優質兔毛，面向國際市場開發高端產品。

然而，就像翔千辦的好些工廠一樣，剛開始時總不是那麼順利——公司第一年賠了八十萬元。

有人質疑了，有人氣餒了，有人退縮了。

從表面上看，翔千一如往常，開會的時候聲音依然那麼平和，見人依然笑嘻嘻的，其實在一個人獨處時，他常常一動不動地一坐就是大半天——他在苦苦思考對策。

中华人民共和国
企业法人
营业执照
注册号
该公司经核准登记注册，具有法人资格，准予开业。

01 —— 慶祝「上海聯合毛紡織有限公司」開業
02 —— 國家工商局頒發的「滬字第 00001 號」營業執照
03 —— 上海市長朱鎔基會見唐翔千

要扭虧，首先就得減少開銷，得琢磨一下生產成本，看看能不能把它壓下來。這天，他靈光乍現，突然想到了一個辦法——為甚麼一定要用外匯去進口兔毛呢？為甚麼不能建立自己的原料供應鏈呢？他決定從國外引進優種長毛兔，然後在上海郊區以及浙江、江西等地建立養殖基地。這一招相當靈驗，原料價格很快就降下來了。

初戰告捷，翔千並沒有因此陶醉。他一次次飛抵上海，一再告誡管理層：「不要做沒有特色的大路貨產品，不要讓『聯合毛紡』的產品出現在國外地攤上。要多拿出款式新穎、質量一流的產品，到國際市場上一爭高低。」在翔千和管理層的統籌下，「聯毛」每月推出幾十個新品種供客戶挑選，以小批量、高質量、交貨快的特色，贏得了海外客戶的讚譽。

在控制成本的過程中，翔千也有十分糾結的時候。因為是與國有的老廠合作，冗員太多，不少人根本不像上班的樣子，「一杯茶一支煙，一張報紙看半天。」說實話，再有財力的企業，也經不起這種企業文化的折騰呀！

這天，翔千把人事經理賈文濤叫到了自己辦公室。

「賈經理，我們廠現在是不是有一千多人？」

「是的。」賈文濤很清楚，這個香港老闆是個非常勤勉、細心的人。

「人有點多了——效率就低了。」在批評一個人或者一種現象時，翔千總是十二分委婉，不願意引起太多的反感。

「是啊，我們一直強調社會主義優越性：『我們沒有失業』。於是，只需要兩個人做的事情，安排了四個人。」

「我們一起來想一想，可不可以動一動這種管理體制呢？」翔千知道，在內地辦事有好多框框甚至是禁區，他希望在帶來資金、機器的同時，也把國外的先進管理理念帶進來。

「唐先生，根據我們現在的政策，是不能辭退工人的。」

「嗯，我曉得這是個難題。我在董事會上也提出過，不如多花些錢把這些人請出去，但是人家都不同意。你能想想辦法嗎？」

「唐先生，這事不容易做啊！」賈文濤歎了口氣。他很敬佩眼前這位香港人，他跟自己想像中的資本家幾乎風馬牛不相及。他好像不是那種只想着剝削工人「剩餘價值」的「吸血鬼」，他不像個「財迷」，而是個不折不扣的「工作狂」。他經常掛在嘴上的一句話是「以人為本」，他讓合資廠工人的工資一下子提高了百分之二十。請來這個「資本家」，實在是工人的福音啊！

兩人商談了半天，最後想出了一個辦法，公司推出一個「大篷車」項目，把原本無所事事的員工組織在一起，安排一些工廠裏配套性的活兒。「大篷車」項目少時有一百多人，多時達到好幾百人，原來的消極因素變成為積極因素，廠裏吃閒飯的人少了，企業運營的效率高多了。

滬港合作的樣板

商海沉浮多年的翔千明白，辦企業不能只顧眼前的利益，一定要有長遠的目標。因此，他為「聯合毛紡」確立了幾條經營原則：

首先，堅持品質第一，力爭產品出口合格率達到百分之百。「聯合毛紡」產品兔毛含量達到百分之四十以上，有些甚至高達百分之七十，為絕大多數同類產品一倍以上，而且毛質輕軟、毛色華麗、毛感超強。

其次，實行品牌戰略。公司為不同產品登記了六個「聯合牌」註冊證，並在上海創造了品牌推廣的三個「之最」：最先開設「聯合毛紡」連鎖店，引來顧客川流不息；最先成立時裝表演隊，在時裝發佈會上「走秀」大獲成功；最先用企業名稱贊助運動隊，舉辦「職工杯」橋牌賽深受歡迎。

再次，重視時尚元素。公司在香港建起了樣板房，將海外最時尚的款式帶回上海，因此產品非常熱銷，供不應求，用不着做任何廣告。那時，提貨的三輪車常常就停在「聯毛」廠區裏，貨品搬上車時還是熱乎乎的。

此外，開拓國際市場。充分發揮「聯合毛紡」合資企業的優勢，想方設法參加國外各種交易會、博覽會，不斷拓展外銷渠道，使「聯合牌」兔毛衫成功打入了美國、日本、意大利、法國、德國、新西蘭等發達國家的市場。

「聯合毛紡」的春天終於來臨了。一九八二年下半年起，「聯合毛紡」扔掉了虧損的帽子，利潤由負數變成了正數；一九八三年起，公司的盈利以百分之四十的速度遞增，到一九八四年已全部收回了六百萬美元的投資；到一九九一年，公司固定資產增加了十倍，同時還創辦了六個企業：上海百樂毛紡織有限公司、上海聯川毛紡織有限公司、上海聯合高級時裝有限公司、上海聯合高級製衣有限公司、上海聯合羊絨衫有限公司、香港百樂毛紡織染整有限公司等。「聯合毛紡」在一九八七年榮獲「上海市名牌產品」稱號，一九八九年被評為「全國十佳合資企業」，公司還連年獲得「上海市出口創匯先進企業」的榮譽稱號。

「聯合毛紡」成了滬港合作的一個樣板，成了滬港兩地的璀璨「明珠」。

成為上海第一個中外合資集團

「聯合毛紡」賺錢了，有朋友提醒翔千，中國的事情很不確定，說不準甚麼時候政策收緊了，極左那一套又捲土重來了。如果把利潤轉移到香港賬戶上，那就沒甚麼可擔心了，退可退、進可進，主動權完全在自己手上。翔千聽後笑笑，既不點頭也不搖頭。他知道朋友是為自己着想，是怕自己好心沒好報，到時候賠了夫人折了兵只好暗自傷心。其實，翔千早就拿定了主意。他來內地投資辦廠做生意，賺錢並不是最重要的目的，他是希望盡自己很有限的力量，為內地帶來一些有益的東西，比如新的技術、新的設備、新的經驗、新的思路等等，為國家、為百姓做點事情。為此，不管是今天還是往後，他在內地賺到的錢一分也不會轉到外面去，就好像孝敬自己的父母一樣，既然出手就再也不會收回去了。

看到「聯合毛紡」脫穎而出，時任上海市長江澤民十分高興，他不僅應邀出席「聯合毛紡」成立五週年慶祝大會，還在會上發表了熱情洋溢的講話。他稱讚道：「『聯合毛紡』的成功，不僅從實踐上證明了我國政府所制定的對外開放政策的正確，也為上海利用外資工作提供了有益的經驗。」他要求上海有關部門「要進一步關心『聯合毛紡』公司及其他三資企業的成長發展，要盡可能地為它們提供必要的幫助」。聽到這兒，翔千心裏一陣激動，情不自禁地帶頭鼓起掌來。

翔千與上海紡織局商定，把公司大部分利潤用於擴大再生產，用於再投資。為了拓寬「聯合毛紡」的發展空間，翔千在第五屆和第六屆董事會上接連提出，擴大公司經營範圍，將「聯合毛紡」發展成為集團公司。經過各方面努力，「聯合毛紡」終於在一九九〇年改名為上海聯合紡織實業股份有限公司——這是上海第一家中外合資的集團性公司。

一九九〇年，浦東開發為「聯合實業」帶來了大發展的機遇。根據浦東新區的規劃，「聯合實業」在陸家嘴的工廠需要搬遷，翔千在第一時間得到這個消息後就指出，陸家嘴這個「點」無論如何不能放棄，因為浦東今後肯定會成為上海發展經濟的一塊高地，陸家嘴則無疑會成為浦東的「黃金地段」，就像紐約與曼哈頓之間的關係。「聯合實業」得天獨厚，在浦東開發中搶佔先機，不妨利用原來這塊地皮，造一幢綜合大樓展示和銷售高檔服裝，翔千把名字也想好了，叫「聯合紡織大廈」。由於這個項目需要大量的資金，董事會商量後決定將公司改組成股份制企業，公開發行股票，向社會募集資金。

按理說，根據「聯合實業」亮麗的報表和滬港合資「一哥」的地位，上市應該不會有甚麼問題，何況當時的上海市長朱鎔基對這件事也相當關心，指示上海體改辦積極推動、盡快落實，無奈公司的「合資」性質給上市平添了幾分難度。根據董事會的安排，公司計劃分兩期向社會發行五百萬美元股票，第一期在境內發行二百萬美元A股，按當時匯率折合人民幣一千一百萬元，第二期向境外發行三百萬美元的B股。公司已經準備了發行股票所必需的一切材料，還委託會計師事務所對公司進行資產評估，可是方案報上去後被退了回來，理由是一定要按照原始章程中滬港雙方投資比例發行A股、B股。

此後的故事大多數人都不陌生——翔千和董事會其他成員一次次跑上海和中央「有關部門」。一九九二年二月二十四日，「聯合實業」終於被批准在上海證券交易所上市，公開發行一千一百萬股，每股面值人民幣一元，發行價四元三角，募集資金超過四千七百萬元人民幣。這是在A股市場上市的上海第一家合資企業。

商業智慧應對股市恐慌

儘管擁有「天時、地利、人和」，但「聯合實業」的發展也絕非一馬平川，免不了會有磕磕碰碰的時候。

這天，翔千漱洗完畢剛剛躺到床上，客廳裏的電話鈴聲急促地響了起來。「這麼晚還打來電話，難道公司遇到了甚麼麻煩？」翔千心裏有些不安。

給翔千打電話的是「聯合實業」裏理李玉琴，公司確實遭遇到災難：兩天前，也就是六月十一日下午五時三十分，公司一個車間不慎起火。由於堆着羊絨，所以火勢很快蔓延，廠區上空濃煙滾滾，以至於黃浦江對岸的人都可以看見火光直衝雲天。上海市一一九指揮中心先後出動了幾十輛消防車、搶險車，派出了五百多個頭戴防毒面具、氧氣面具的消防官兵鏖戰火場。大火燒了三個小時，終於被撲滅了。第二天，上海一家發行量超過一百萬份的晚報報道了這次火災，文章並沒有說明僅僅是某一個車間着火，給人的印象是「聯合實業」毛紡廠陷入了熊熊大火之中。此時距離「聯合實業」股票上市還不到四個月，股民由於擔心手中股票也隨着這場大火化為灰燼，許多人開市後紛紛湧向證券公司，爭先恐後拋售股票，並聚集在上海證券交易所門口鬧事。上證所也是個成立才一年多的機構，沒有遇到過這種場面，為了避免引發更大的風波，打算將「聯合實業」停牌，並在發佈公告前通知了公司管理層。

李玉琴就是因為事情緊急才深夜打電話給翔千，董事會期望翔千能以他的經驗和智慧化解這次危機。

翔千也沒想到會出現如此糟糕的局面，他沉吟片刻後告訴李玉琴：

「李大姐，請你通知交易所，千萬不要停牌。如果非要停牌，一切後果由他們負責。」他的語氣一如往常那樣平穩，但就像戰地指揮官下達命令，幾乎沒有商量的餘地，「盡快召開新聞發佈會，多請一些報紙和電視記者，把事情真相一五一十說清楚。還有，火災的現場千萬不能動，馬上通知保險公司派人來查看。」

接到翔千指示後，李玉琴很快向上證所轉達了這個意見，並召開新聞發佈會說明實情。上海各大媒體對此作了密集報道，上證所的領導也來到交易所大門口向股民解釋，人們的情緒終於開始緩和，人群漸漸地散開了……

由於「聯合實業」的進口設備全部按照實際價值買了保險，所以最後在保險公司那裏拿到了三百九十五萬美元和一千四百萬人民幣的損失賠償，遠遠超過了賬面上的損失。

雖然「六．一一火災」一度使「聯合實業」發展前景蒙上陰影，但翔千充滿商業智慧的一項項舉措，使公司很快走出逆境，股票價格在跳水般跌進發行價後很快攀升到高位。

一九九六年，「聯合實業」被上海實業（集團）有限公司收購。上實集團是上海市政府在香港註冊成立的企業，也是上海在海外最大的綜合性集團公司。能夠進入這麼一個強勢平台，對「聯合實業」無疑是一個福音，必將迎來更好的發展機遇。想當初，翔千與上海紡織局合作成立這家公司，無非是為了幫助上海引進資金、人才、設備和市場運作的經驗，如今這個目的早已達到了，「聯合實業」的使命已經完成了。

翔千退出的時機成熟了。

促進滬港持續發展的機遇

一九八〇年代初來上海辦「聯合毛紡」時，翔千一直在想着一件事：香港這麼個彈丸之地，集中了這麼多公司、資本，商業競爭已經到了白熱化程度，發展空間越來越小；而上海不僅面積比香港大了六倍，幾十年計劃經濟也拉開了她與香港的距離，留下了大把的投資機會。有人說，上海遍地是黃金，這也許有點過分了，但百廢待興、百業待舉卻是不爭的事實。上海政府高官很希望能夠再現三四十年代的輝煌，使上海成為東方第一大都市。為此，每每有香港代表團到訪，一二把手再忙也會擠出時間參與接待，真心希望外資能夠源源不斷地進來，希望港商能夠來上海開公司、辦工廠，多多益善。但是，香港有幾個人真真切切地知道這些情況呢？說一句時下流行的話：信息不對稱啊！

差異不一定是壞事，它就是機會呀！兩個地方差異越大，意味着投資機會越多、市場空間越大。問題是，怎麼才能找到很好的切入口，收到事半功倍的成效呢？

說來真有意思，此時此刻，上海統戰部長張承宗也在為這事夙夜思慮。

一九七九年訪問香港回來後，張承宗在驚訝於香港的繁華時，一直思考着如何吸引香港企業家來上海投資，使香港的人才、資金、經驗為上海所用，一如當年上海資本家南下香江，推動香港走上工業化道路。

一九八四年七月，張承忠、唐翔千和劉靖基三人在上海的一席談，促成了「滬港經濟發展協會」的雛型——建立一個機構，使它成為滬港兩地交流合作的橋樑，成為香港人了解上海、上海人了解香港的窗口。

為此，翔千找到了安子介、費彝民、王寬誠、胡法光、劉浩清、李鵬飛這些上海籍名人，給他們安排了名譽會長、副會長等職位，他們入會以後，把朋友圈中的上海籍大老闆，一個一個帶了進來。此外，翔千還請進來幾個廣東籍大佬馬萬祺、霍英東、胡應湘等——這些商界鉅子的影響力和活動能量都是驚人的。

在上海，張承宗則請了不少政府部門的一二把手，比如工商局、財政局、外經貿委等。張承宗明白，一旦香港人來上海辦公司，註冊登記、稅務、海關等等，不知會引出多少問題、產生多少麻煩。如果有這些職能部門的負責人親自掛帥，許多事情也就迎刃而解了。

一九八四年十一月和一九八五年二月，上海滬港經濟發展協會和香港滬港經濟發展協會相繼成立，張承宗擔任名譽會長，翔千出任香港協會會長，劉靖基出任上海協會會長。

協會不時組織上海國有企業高管去香港培訓，又會每個月召開一次座談會，邀請在上海投資的香港老闆參加，向他們通報政策信息和經濟信息，同時幫助他們解決投資中遇到的實際困難。

協會積極牽線搭橋，為許多滬港合資項目的成功做了卓有成效的工作。協會組織了許多香港商界名人訪問團到上海考察、尋找投資與合作的機會。

除此之外，協會還根據副會長徐鵬飛的建議，在一九八五年五月創辦了《滬港經濟》雜誌，希望為兩地信息交流和經濟合作開闢一條通道，打開一個窗口。

香港回歸祖國後，滬港經濟發展協會迎來了又一個快速發展期。為了給協會注入新的動力，在一九九九年，翔千決定辭去香港會長的職務。自己在這個位置上已經有十五年了，即使美國總統也只能連任一屆，做足八年，無非希望有更多能人來貢獻他們的聰明才智。辦協會也一樣，唯有新老更替，才能生生不息，充滿旺盛的生命力。

第十二章

艱難轉型

唐翔千等香港工商界代表在北京會見鄧小平（1984 年）

一次會議改變了人生軌跡

一九八四年，對翔千來說，是具有特殊意義的年份。

這一年，他在香港的企業做得風生水起，同一個行業內已沒有比肩的對手；新疆的「天山毛紡」、上海的「聯合毛紡」也都進入了成熟期，產品供不應求。恰恰在這個時候，翔千開啟了人生的一次重要轉型。

一九八〇年初，唐翔千被推舉為香港工業總會會長。香港工業總會是一個半官方的工商社團，幾乎囊括了香港製造業大中型廠商，會員數超過一千家。翔千十分樂意擔任會長這個角色，一來大家把你推到這個位置上，也是一種無上的榮耀；二來可以為香港的工業界做一些事情，爭取些利益；三來借助這個平台可以擴大自己的視野，在新技術、新科技方面得到更多的信息。

一日，翔千偶然去電子協會參加小組會議，沒想到這一去竟然改變了自己人生的軌跡。

在會上，一家電子公司老闆底氣十足地說道，電子業發展空間巨大，將來市場總量肯定會超過紡織業。翔千聽得差一點笑出聲來：香港紡織已經佔到出口總值的百分之三十，電子產品僅僅為百分之一，整整三十倍的差距，口氣竟然還這麼大?!那位老闆顯然猜出了翔千的心思，他掃了一眼翔千，那眼神好像在說，會長，我知道你心裏在想甚麼，別急，我有足夠的數據說服你。他從提包裏拿出一疊資料攤在桌上，指着紅筆勾出的部分說美國如何、歐洲如何、日本如何，進而推導說香港也必定會走這一條路，言之鑿鑿，信心滿滿。

接着，電子協會的其他成員也爭相發言，慷慨激昂，熱情澎湃，並呼籲翔千以會長身份為他們呼籲，設法爭取政府的支持。當時，翔千並沒有表態，但是這番討論卻激發了他的好奇心，接下去又參加了他們的幾次會議，並且刨根究底，不恥下問。自此，電子業這個概念，引起了翔千的極大興趣。

不過，真正推動翔千進入電子工業的，是他出席全國政協會議時看到的一份報告。當時，中國電子行業遠遠落後於歐美發達國家，與近鄰日本和韓國相比，差距也不是一點點。報告顯示，一九七九年中國電子業總產值八十一億三千萬元，佔全國工業總產值比重僅百分之一點四，利稅總額是三億四千萬元。一九八〇年，進入中國家庭的主要電子產品是收音機，錄音機、彩色電視機都還是十分稀罕的東西；那一年，泱泱大國的電子產品出口額只有一千萬美元；電子工業規模僅排在全世界一百多個國家的第九十位。

每每看到自己的國家落在別人後面，翔千總是渾身不舒服，他希望能為國家的電子工業發展出一把力。就在此時，時任電子工業部部長江澤民召開會議，就如何加快中國電子工業發展進行專題研究，提交了《關於加快發展電子工業的報告》。與此同時，國家電子工業佈局的重心從中西部轉向沿海地區。

翔千意識到，也許是時候搞電子工業了。然而真正要作出決策的時候，他又猶豫了。畢竟，他對這個行業太陌生了。

「一國兩制」掀開新的一頁

促使翔千作出決定的，是與鄧小平的一次會面。

進入一九八〇年代以後，香港回歸祖國開始進入倒計時，不少香港人對此憂心忡忡。平時，他們在報紙、電視上看到的大多是關於內地的負面報道，很害怕內地的制度原封不動地搬到香港。於是，香港人乾脆「用腳投票」，一時間，在英國、加拿大、澳洲等西方國家駐港領事館裏，擠滿了要求移民的香港人。香港的樓價、股價應聲而跌，如降落傘一般怎麼也止不住。

正是在這種背景下，翔千一行踏上了進京之路。

一九八四年六月二十二日上午，香港工業總會主席唐翔千、香港總商會主席唐驥千和中華廠商聯合會會長倪少傑一行八人，坐車來到了人民大會堂。初夏的北京氣候宜人，燦爛的陽光下微風輕拂，路邊的行道樹披上了鮮艷的綠色。

與翔千坐在同一輛車上的，還有香港三大商會其他成員：丁午壽、羅肇強、格士德、朱祖涵、邵炎忠。這八個人，個個都是商界精英、行業翹楚。饒有趣味的是，唐氏家族佔去了其中四分之一的名額。唐驥千是「紡織大王」唐星海的大公子，在父親離世後接掌家族企業，他長袖善舞，經營有方，在香港的知名度一點兒也不亞於唐星海。一九八四年，唐驥千眾望所歸，出任香港總商會首位華人會長。

這次，翔千與唐驥千、倪少傑率團進京，在香港也是街談巷議的熱點話題，《星島日報》、《南華早報》等許多大報都在頭版刊發這一消息。為了淡化這次北上的政治效應，避免引起不必要的麻煩，三位商界領袖到達北京後發表了一份聯合聲明，再三強調這次北京之行只談經濟，政治方面的問題不屬於討論的範疇。只是人人心知肚明，談香港問題，能不談法律、談制度、談政治嗎？

想到這一點，翔千的心裏實在輕鬆不起來——鄧小平的強勢人所共知，倘若話不投機談不到一起，誰又能擔保他不放出狠話呢？如果真的鬧得不愉快，怎麼回去向香港人交待呢？

使翔千倍感欣慰的是，他所擔心的事情壓根兒沒有發生。時任中央軍委主席鄧小平的接見，一開始就談笑風生，氣氛融洽。

鄧小平握住翔千的手，笑呵呵地說：「我知道，你就是香港來內地投資的『〇〇一號』！」

翔千愣了一下，沒想到位高權重、日理萬機的中國領導人，竟然會把如此微不足道的細節了解得清清楚楚：「慚愧，慚愧！十分感謝鄧主席的接見。看到您紅光滿面，身體這麼好，從心底裏感到高興，相信香港人也都和我一樣的心思——祈望您身體健康，長命百歲！」

「謝謝！我就是喜歡游泳，一下水全身舒坦。」

翔千吃了一驚：「您現在還每天游泳？」

「做不到啦！」鄧小平擺了擺手，「因為我不喜歡游泳池，我喜歡大江大海，尤其喜歡在下雨的時候到大海裏游泳。」

鄧小平與訪京團成員逐一握手，他說話風趣，妙語連珠，現場的氣氛一下子活躍了起來。時任港澳辦公室主任姬鵬飛、副主任李後和秘書長魯平也參加了會見。考慮到鄧小平說的是四川口音很重的普通話，而香港人當時並不熟悉普通話，既不會說也聽不懂，所以還請了個翻譯員。

寒暄之後切入正題，鄧小平饒有興趣地詢問了香港各行各業的情況，了解香港人對回歸祖國有甚麼想法。他自始至終面帶笑容，就像久違的家人聚在一起，無拘無束，有商有量。那天，鄧小平很用心地聽着，不時插話。在訪京團成員一一發言之後，他談了自己的看法：

「中國人有兩個傳統：一是不信邪，在甚麼樣的大風大浪面前都穩如泰山，從不害怕；二是中國人從來說話算數，這一點也是被世界所公認的。我們說對香港的政策五十年不變就是不變，沒有甚麼好擔心的。」

鄧小平闡述了「一國兩制」的構想：「一個國家兩種制度，我們已經講了幾年了。全國人民代表大會已通過了這個政策。在中國恢復對香港行使主權後，香港社會、經濟制度不變，法律基本不變，生活方式不變，香港自由港的地位和國際貿易、金融中心的地位也不變。」他注意到了訪京團有些成員充滿疑慮的神情，直截了當地回應說：「有人擔心這個政策會不會變。我說不會變。核心的問題是這個政策對不對。如果是對的，就變不了。如果政策不對，就可能變。中國現在實行對外開放、對內搞活經濟的政策，有誰改得了？」

談到「港人治港」的問題時，鄧小平指出：「港人是能治好香港的。要有這個自信心。中國人的智力不比外國人差，中國人不是低能的，不要總以為只有外國人才幹得好。要相信我們中國人自己是幹得好的。」

「鄧主席說『港人治港』，您認為應該是甚麼樣的港人來治理香港呢？」訪京團中有人接着鄧小平的話茬問道。

鄧小平略作沉思後回答說：「未來香港政府的主要成分是愛國者，當然也要容納別的人，還可以聘請外國人當顧問。甚麼叫愛國者？愛國者的標準是，尊重自己民族，誠心誠意擁護祖國恢復行使對香港的主權，不損害香港的繁榮和穩定。只要具備這些條件，不管他們相信資本主義，還是相信封建主義，甚至奴隸主義，都是愛國者。」

最後，鄧小平充滿期待地說道：「香港讓外國人統治了一百多年，總算要回到祖國懷抱了，將香港交給你們自己去管理，你們要有信心，要團結，要管治好香港。」

兩個小時的會見，年近八旬的鄧小平始終精神矍鑠，談鋒甚健。臨別時，他握着翔千的手，再次強調說：「放心吧，五十年不變——不會變的！」

當翔千走出宏偉的人民大會堂，在陽光下順着台階一步步往下走時，他心潮澎湃，激情滿懷，真想由着性子喊一聲：「中國，我愛你！」他知道，香港即將迎來充滿希望的新時代，港人生活即將掀開新的一頁。

他決定轉型——投資電子行業。

他再也沒有甚麼顧慮了。

攜手合作　乘勢轉型

轉型的機會，說來就來了。

一九八四年中從北京回到香港不久，翔千就接到廣東省對外貿易局局長馮學彥的邀請，趕到了廣州市東風東路七七四號。

翔千與馮學彥是老相識了。他知道馮學彥是「老八路」，解放戰爭時隨軍南下，在廣東轉業到外貿行業，後以華潤公司副總經理的身份長駐香港。由於翔千一直與華潤公司有業務往來，所以與他十分熟悉。

那天見面，馮學彥還帶來一個年輕人，相貌堂堂，一表人才。

「劉述峰，進出口處副處長——你們應該見過。」馮學彥指着那人介紹說。

翔千笑呵呵地說：「看上去面熟陌生……」

這些年，翔千在內地東西南北到處跑，又是訪問，又是談生意，不知道見過多少人，所以一時想不起來這年輕人姓甚名誰。

劉述峰卻一直沒能忘記翔千，因為那一次見面給他的印象太深了。

那是一九七九年的事情。當時，馮學彥對外貿系統的習慣性做法不太滿意，總想摸索出一條新的路子。在他看來，如果外貿企業只是一頭連着上家、一頭連着下家，在香港拿到訂單，然後回內地安排生產，自己手裏始終甚麼都沒有，產品的質量、交貨的準時率，這些最基本的方面都控制不了。為此，馮學彥希望廣東外貿企業走出去，找一些實業家進行合作——香港自然是走出去的第一站，翔千也就成為了第一號人選。而劉述峰因為分管外貿系統的來料加工，剛好和紡織品粘上一點關係，因此被馮學彥拉了過來。

劉述峰第一次見到翔千是在羅湖火車站旁邊的華僑大廈，當時，那是深圳最好的一家涉外酒店。在一間裝飾十分雅致的包房裏的那次見面，徹底顛覆了劉述峰頭腦中香港商人的印象。他發現這個「大資本家」不僅一點也不圓滑奸詐，反倒十分和藹可親。翔千聽馮學彥說想在香港成立一家公司，便提出了好多建設性意見。他風度翩翩，極有教養，在馮學彥說的時候便靜靜地聽着，當他發表想法的時候則像自家人一樣，處處設身處地為你考慮問題。那次見面後不久，劉述峰被派往香港，開始了新公司的籌備工作。

如今，兩個人是第二次握手。

馮學彥還是山西人那種急性子，一見面就直奔主題。

原來，廣東省外貿局看到近年來成衣加工的需求與日俱增，布料的用量越來越大，就想搞一個棉紡織基地，專做出口貿易。因為翔千既懂紡織又熟悉國際市場，而且為人厚道，所以希望他能一起參與。

翔千聽後思索了一會兒，回答說：「我也很希望與你們合作，但有一個要求——」

馮學彥急切切問道：「唐先生有甚麼要求，儘管提出來。」

翔千一個字一個字地說：「再也不要做紡織業了！」

「為甚麼？現在紡織品出口勢頭強勁，其他各省都在搶着上馬新項目。」馮學彥大惑不解。

「這就是我不願意做的原因。」

「為甚麼？」

「馮局長，我想問你一句，」翔千笑瞇瞇地說，「做紡織這一行，廣東能與上海比嗎？能與長三角比嗎？」

「……」

「廣東有這方面的基礎嗎？老實說，沒有。」

「即使是一張白紙，也有它的優勢——可以畫最新最美的圖畫嘛！」馮學彥還是心有不甘。

「現在，千軍萬馬做紡織，大家都擠在一條道上，不是件好事情。商場上最忌諱的就是同質化競爭。所以，我勸你不要幹了！」

馮學彥非常失望，原來挺直的身子現在深深地陷在沙發裏。他沒想到性格溫和，時常笑得像彌勒佛的翔千，竟會拒絕得如此乾脆。

翔千看出了馮學彥的情緒，沉思了一會說道：「馮局長，我給你潑冷水，是想拉着你做一樁更大的生意——你跟着我一起轉型吧！」

「轉型？做甚麼呢？」

「電子產品。」

翔千的話令馮學彥感到驚訝。但是馮學彥了解翔千，沒有把握的事情他是不會輕易去做的。他能看中電子行業，肯定有他的道理。

果然，翔千說出了他的理由：「在廣東發展紡織業，既沒有原料產地，工業基礎又比較差，實在沒有多少優勢。現在，電子業正在香港崛起，隨着內地進一步開放，生產基地肯定會向內地轉移。所以，我有了這個念想。」

馮學彥打從心眼裏佩服翔千，已經年過花甲了，對世界新潮流還這麼敏感，還這麼容易接受新生事物！可是敬佩之餘，他不由得擔心起來：「這是個新興產業，你過去從來沒有做過，能有幾分成功把握呢？」

「我確實不太懂這一行——」翔千實話實說。

馮學彥終於沉不住氣了，打斷翔千的話：「那怎麼辦呢？」

「別着急，馮局長！」翔千笑了笑，說道，「這事我想了很久了，我有一個思路：我們先去美國買來技術，然後再合資開一家工廠。」

「有道理。」馮學彥撓着後腦勺，若有所悟地說道。

這一切，劉述峰都看在眼裏，因為身份的關係，在局長身邊他不便多說甚麼。可他看出翔千是一個不同凡響的商業奇才，他的財商不是一般人所能夠比擬的。

進軍電子業

一九八四年八月，廣東外貿局與翔千達成協議，在香港成立一個合資公司，取名粵商發展有限公司，唐翔千佔股百分之二十五，廣東外貿局控股，佔百分之七十五。

劉述峰被派駐香港，代表中方行使總經理職責，而翔千則擔任公司副董事長。「粵商發展」的辦公室設在尖沙咀廣東道三十號新港中心，與翔千的「半島針織」同一層樓面。翔千之所以將新公司選址新港中心，是因為遇到事情商量起來方便，只要多走幾步路就可以找到劉述峰，效率可以提高好多。他所沒有想到的是，這個決策竟為他帶來了一個意想不到的收穫，使他覓到了一個極為難得的人才，不但幫他打理好半壁江山，而且成為他可以一吐衷腸的忘年交。當然，這是後話。

且說翔千在新公司掛牌後就按照計劃，在美國加利福尼亞州找了家名叫 MICA 的著名小公司，美方以技術入股，不但轉讓生產技術，而且派出工程師、技術員，雙方在香港成立了一家名叫 MICA-AVA（美加偉華）的公司。之後，以這個公司為技術支撐，與廣東省外貿開發公司、東莞市電子工業總公司合資組建了東莞生益敷銅板有限公司（即廣東生益科技股份有限公司的前身），「廣東外貿」是大股東，翔千的股份只有百分之十，是個小股東。公司生產覆銅板，其為世人所熟知的名字叫作「基板」，是一種用途十分廣泛的電子材料，手機、計算機、電腦、電視機、收音機等等幾乎所有的電子產品全都離不開它。為了保證公司產品的品質，所有一線工人，包括工程師等技術人員，都按要求分批到香港，由「美加偉華」進行業務培訓。

一九八五年，「生益科技」正式掛牌，並於一九八七年一月投產，由中方大股東派人管理。由於實行了幾十年的計劃經濟，一下子運營一間直接面向國內外市場，又是處於完全競爭行業的企業，管理人員十分吃力，雖盡心盡力，但最初兩年一直處於虧損狀態，而且每況愈下似乎看不到一點起色。對此，大股東方面也束手無策。

翔千看在眼裏，急在心裏。他幾十年來創辦了那麼多企業，還沒有一個做得這麼差的。

他在董事會上主動請纓：「我來承包吧。」

沒有人吱聲，大家心裏暗忖：你一個小股東，即使虧了，也只有損失百分之十；廣東方面可就不一樣了——虧大了！

翔千看了看眾人：「我可以立『軍令狀』。」

「這話怎麼說？」有人問道。

「我自己來管，承包三年，把它做好、做大、做強。」

「怎麼個包法？」

「定下一個數字，每年上交給公司。」

「上交？」大家吃了一驚，「多少？」

「我算過，一年上交承包費八十四萬美元，不會有太大問題。」翔千字斟句酌地回答。

「虧了，自己掏腰包？」

「當然！」

「軍中無戲言。」

翔千不住地點頭，半玩笑半當真地補充一句：「賺多了，也得歸我喲！」其他人不說話了。天底下哪有這麼好的事情？現在公司天天在賠錢，活像一個燙手山芋。假如到了唐翔千手裏，搖身一變，成了棵搖錢樹，每年可以拿進來八十多萬——還是美元喲！這一出一進，簡直是天差地別！三年可收進二百多萬美元，早超過本錢了！

那天董事會後，還留下一些協議細節交給雙方工作人員討論，翔千依照與家人的約定，去澳洲休假了——這是他幾十年職業生涯中僅有的二三次度假之一。

當翔千在黃金海岸看日出、聽海濤，欣賞着千奇百怪的岩石珊瑚，置身於森林、小溪和瀑布之間，享受着十分難得的悠閒假日時，北京發生了「六四風波」，一時間輿論大嘩，風向大變，外商爭先恐後從中國內地撤離資金。

堅信「實業興國」之道

翔千關注着中國政局的變化，憂心如焚。從澳洲回來就直奔新港中心，找到劉述峰劈頭問道：「那件事怎麼樣了？」

劉述峰丈二和尚摸不着頭腦：「甚麼『怎麼樣』啊？」

「就是那個承包協議呀！甚麼時候簽字呢？」

劉述峰驚訝地看着翔千：「這都是甚麼時候了！人家往外跑，你還一個勁地要進來？」一他心裏在想，你真要辦工廠賺鈔票，全世界有大把地方可以挑選，馬來西亞、新加坡都不錯嘛！

翔千似乎猜出了劉述峰的心思：「我今天辦企業不僅僅是為了賺錢，錢，我已經夠用了——幾輩子都用不完。我今天的所有投資無非是想做出響噹噹的企業，做出讓全世界尊敬的中國企業，給國家樹立一個樣板。」

劉述峰真有點不敢相信自己的耳朵，這些話竟是從一個「資本家」嘴裏說出來的，真有點匪夷所思！

「我不管別人是怎麼想的，反正我只想為國家做點事，只相信『實業救國』的道理。」翔千突然話鋒一轉，對劉述峰說：「不過，劉總你要幫我一個忙。當初我拍胸脯承包三年，是因為我已經安排好了管理團隊，可是『六四』以後，這些香港人都怕了，一時半會不可能來了。你能不能幫我一個忙，跟着我去東莞？」

劉述峰沒想到翔千會提出這個要求，一下子怔住了。說實話，他對自己的現狀很滿意。一方面，自己在體制內有一官半職，在生意場上也很風光，因為在中國這個「官本位」社會，「紅頂商人」在商界更有社會地位；另一方面，自己長年派駐香港，既可以了解市場經濟到底是怎麼回事，還可以享受到十分可觀的經濟補貼。放着這麼多好處不管不顧，跑到東莞這個窮鄉僻壤去幹甚麼？

但劉述峰畢竟是個熱血男兒，翔千的愛國情懷深深打動了他，所以他在給領導匯報這件事情時，見領導權衡再三難下決斷，便直截了當說出了自己的想法：「就衝着別人現在都在撤資往外走而他偏要留下來這一點，我們也應該幫幫他。這種『資本家』實在少見！何況，還有那每年八十多萬元的進賬——我既是幫他，也是在幫我們公司呀！」

劉述峰為領導想出了一個兩全其美的辦法：「可不可以讓我先兩邊兼着，然後逐漸減少香港這一邊的工作，去幫他管一段時間？不就是三年嗎？三年一到我就回來。」

於情於理，除了點頭同意，領導還能說甚麼呢？只是沒能想到，劉述峰這一去竟再也沒有回來，四年後他辭去了公職，把人事、醫保、社保這些關係全部轉到了「生益科技」，成了翔千事業上的左膀右臂。

轉型的壓力

從紡織到電子，跨度如此之大，轉型的難度可想而知，好在翔千有他的辦法，就是找職業經理人，找到懂行的人才。

他找到了李鵬飛。

在成為香港政壇猛人之前，李鵬飛是美國在亞洲最著名的公司 ANPEX 的亞洲地區總裁。香港、台灣電子工業的第一代老闆，差不多都是從這個美國公司裏出來的。

翔千在發現了李鵬飛這個人才之後，砸下重金請他來做 AVA 公司總裁。李鵬飛也是個大手筆做事的人，進入 AVA 公司後就招聘了不少港大畢業生。香港大學是本地排名第一的高等學府，培養了成千上萬一流人才，聘用這所學校的高材生，付出的薪酬自然比其他院校畢業生高多了。

然而，就在 AVA 公司聲譽日隆的時候，李鵬飛卻萌生了去意。說來，也實在怨不得他。李鵬飛雖說在電子業做得風生水起，還被推舉為香港六大商會之一——香港總商會電子工業委員會主席，可是他真正的興趣卻在政界。在政壇元老鍾士元的引領下，他擔任了行政局議員，之後又再任立法局首席議員。在他的朋友圈裏，有幾個人後來都成為香港政界的頭面人物——唐英年，翔千的長子，官至香港特區政府財政司長、政務司長，二〇一二年在特首競選中功虧一簣，幾乎觸摸到了特首的寶座；田北俊，人稱「田少」，香港富豪田元灝的「大公子」，家族財富估計達七億美元。田北俊是香港立法會議員，自由黨黨魁，香港總商會主席，官至香港旅遊發展局主席。

翔千看出李鵬飛真正的志向是從政，根本不可能沉下心來管理企業，與其勉為其難，不如放虎歸山，這對 AVA 公司或許也不是一件壞事。

放走李鵬飛後，翔千一時別無選擇，只得自己出馬，「六十歲學吹打」，親自坐鎮管理這家公司。

使翔千不堪重負的是，在註冊成立「美加偉華」以後，他聽從李鵬飛的建議，還買下了兩個線路板公司，對外統一冠名東方線路板有限公司。這些公司就像一座座大山，壓得翔千快要透不過氣來。雖然他在公眾面前一如往常，臉上掛着淡淡的笑容，一副寵辱不驚的模樣，但劉述峰還是看到了他面對巨大壓力時不為人知的一面。有一次，劉述峰從新港中心乘電梯下樓，正遇到翔千從大門口進來，劉述峰和他點了點頭算是打招呼，翔千卻沒有一點兒反應，他眉頭緊鎖，神色凝重，逕直走進電梯。劉述峰心裏直打鼓：怎麼啦？老先生遇到甚麼不愉快事了？平時，他可是一個溫文爾雅的謙謙君子呀！多年以後，劉述峰忍不住問起那日的事情，翔千長歎一聲：「劉總，我壓根就沒有看到你。那段時間，真有點恍恍惚惚——這邊的電子公司不賺錢，那邊的紡織公司也在賠錢，我的壓力太大了！」

確實，自一九八四年進入電子業以後，翔千就沒有過一天舒心的日子。

「三共享」原則

翔千是個勤勉的老闆。自立下「軍令狀」後，他每個週末都是在東莞度過的。他在星期五晚上來到廠裏，星期日晚上再返回香港，除了春節之外，遇到聖誕節、復活節這些節假日，他都呆在東莞。有甚麼辦法呢？這麼些年，他在新疆、上海、廣東辦了這麼多企業，即使一個月去一次新疆、上海，花去的時間已經不少了，何況在香港還有一大攤子事情。所以，他只能利用休息日，來東莞打理「生益科技」的事務。

翔千常常是吃飯的時候到廠裏，在食堂裏簡簡單單吃一點東西就開始工作。他不想讓別人有一種老闆高高在上的感覺，所以他不允許生益科技為管理人員開小灶，要求高層管理人員像普通職工一樣排隊買飯，這樣，職工用餐方面遇到任何問題，管理層很快就可以作出反應：飯菜涼了知道要保溫，讓人吃得熱乎乎的；開飯的時間太短了，知道要延長時間，否則加班加點的人可就要餓肚皮了……

在辦公室裏，下面送上來的財務報表、產品質量報告，他都會仔仔細細地看過。

一旦發現甚麼問題，會連夜把當事人叫來，一五一十地問個明白。然後與你一起商量，既像是向你請教，又像是向你提問，看看怎麼個改法，怎麼把事情做得更好，常常問得下屬一身冷汗。其實，這也是翔千的一種領導方法，他希望通過這種互動告訴大家，他不會像一些老闆那樣，只是裝模作樣地到廠裏轉一圈，下面送上來的報告也懶得看一眼。他不是這種人，不是可以隨隨便便地糊弄、搪塞過去的。這麼做，手下的人才不敢有絲毫懈怠。

在翔千的管理思想中，還有一個「三共享」理論。他認為，要做好一個企業，就一定要把這個企業的發展成果和股東、社會、員工三者共享，老闆不能一個人獨吞。打開第一版的「生益科技」《員工手冊》，正文第一頁上就印着唐翔千的鄭重承諾：

我投身工業逾五十年，經歷和所聞，均仰賴公司上至股東，下至每個員工的共同努力，因此企業成長的成果應該由股東、社會、員工一起共同分享。

翔千樸素而深刻的思想，在「生益科技」深入人心。所有人都知道，只要好好幹，公司越辦越興旺，自己的生活就將越過越好。所以，大家下班時會自覺地把燈關掉，離開時會把門鎖好，洗完手會把水龍頭擰緊。因為人人都知道，公司裏省下來每一分錢，創造每一分效益，大家都會有份。

根據翔千的提議，公司章程明文規定：公司每年純利潤的百分之十拿出來給大家發獎金。賺多了就多發，賺少了就少發，沒錢賺就不發。曾經有一年公司賺了很多錢，發到每個人手裏將是一筆不小的數目，有些股東就猶豫了。

「減掉一點吧，不要百分之十，百分之五就足夠啦！」有人在董事會上這麼說。

「絕對不能改。」翔千連連擺手，「不管給大家發多少錢，一分也不能少！」

「錢發得太多會有麻煩的，中國搞了幾十年平均主義，『不患寡而患不均』呀！」

「這是個信用問題。你改了一次，以後誰都不相信你了。如果看到哪個人收入高了，馬上就修改規則，那以後人家就會想，幹好幹不好差不多，沒有必要幹好，差不多就行了。大家就都會想辦法偷懶混日子。」

翔千的想法，就是讓每一個辛勤工作的「生益人」，都能過上有尊嚴的、體面的生活。在那個「萬元戶」就是富人的年代，翔千對體面生活提出了三個標準：第一個標準，擁有一件在這個城市裏能體現身份的東西，比如說在摩托車時代，你可以開着一輛很時尚的摩托車來上班；第二個標準，是在你所在的城市擁有一套在不錯的小區的房子；第三個標準，小兩口如果幹活很累了，下班後不想回家燒菜煮飯，那就上飯館去吃一頓，點上幾個菜，花掉二三百塊錢，一點也不會心疼。

早在一九九〇年代中期，翔千就向東莞市領導提出，希望能建一個可以停放過百輛小車的車庫。當時有人暗地裏說怪話，「老闆發甚麼神經呀？甚麼時候輪到我們這些搞工業的人開車上班？蓋這麼大車庫乘風涼呀？」翔千聽說後倒也沒有生氣，而是笑瞇瞇地說：「大家很快都會開着車子來上班，到那個時候停車會是個大問題。」果然，幾年過後，地下車庫裏就已經停滿了小汽車，地面上將近一百個車位，也經常停得滿滿當當，幸虧廠裏實行「三班倒」，否則這車還真不知停到哪兒去呢！

儉樸務實的作風

與「三共享」一脈相承的是，翔千在有些方面「很摳」，簽支票時卡得很緊。

在好多企業裏，老總辦公室的裝修總是一擲千金，大房間、大桌子、大沙發……

富麗堂皇，氣派非凡。不少人都有一個觀念：老總辦公室就是企業的臉面。但翔千卻不這麼認為，他給管理層灌輸一個理念：一個企業辦得好不好，和辦公室漂亮不漂亮沒有關係，只和你的產品好不好有關，有錢應該投在設備和技術上，辦公室大一點小一點、簡樸一點氣派一點，都是無所謂的。因此，「生益科技」在廠房、設備、儀器、技術方面，很捨得花錢，連歐美、日本同行看了都目瞪口呆，但董事長、總經理的辦公室、接待室都極其樸素、簡單，連地毯也沒有鋪一塊。劉述峰掛在辦公室裏的那些畫，還是他自己花錢買來的。翔千讓大家都明白，把錢浪費在辦公室的豪華裝修上，是沒有意義的，是不會創造價值的，它花費的是公家的錢，最終要分攤在每個人的頭上。

每個週末來東莞，翔千就住在公司招待所裏，房間小小的，電視機小小的，寫字枱也小小的，裝修標準連二星級酒店都不如，而且還在樓上，因為沒有電梯，要一步一步走上去。劉述峰實在看不下去，對他說：

「你住在這麼簡陋的地方，我們都於心不安，你還是住酒店吧。」

翔千微微一笑：「這有甚麼區別呢？酒店不同樣是一張床、一台電視機、一個空調、一個熱水器？這裏都有哇。我和你談完公事、看完報表上樓去，看一會電視也就睡覺了——不用麻煩了。」

在飲食方面，翔千一向很隨便，他最享受的一頓飯只要有一盤白斬雞、一小碟蔬菜，就足夠了。有一次，因為到東莞已經天黑了，飯堂裏甚麼都沒有，翔千就自己掏錢讓人去買了條鹹魚，隔水蒸熟後對付了過去。

每一次來「生益科技」，翔千都會請當地政界、商界的朋友吃飯、談事，每次吃飯都是自己掏錢埋單。

有時候，劉述峰在一旁作陪，會搶着付費：「這錢公司報銷吧。」

「這不行，這些都是我的私人朋友。」翔千正色道。

「這頓飯從頭到尾談的都是公事嘛！」劉述峰嘟噥了一句。

翔千一把按住他，怎麼也不肯讓公司花錢。

榜樣的力量是無窮的。在翔千的影響下，「生益科技」所有股東坐的車都是自己買的，如果不是因公請客、出差，所有費用都得自己掏腰包，從來沒有人會拿着這一類單子來財務處蒙混過關。翔千對公司高管說：「我們除了三個大股東，還有很多小股民和利益相關者，我們花的每一分錢都是投資人的，只有為投資人辦事的花銷才能拿到公司報銷。所以，你要享受、擺闊氣，就拿着給你自己的錢去花，不能利用手中的權力佔大家便宜。」

用制度控制流程

翔千是個特別注重細節的人。

有一天，他突然問劉逑峰一個問題：「你說，做電子產品，中國人為甚麼搞不過日本人呢？」不等劉逑峰開口，他便自問自答：「不知道你有沒有注意到這個細節——同樣是拖地板，中國人和日本人大不一樣。中國人拿一個拖把站着拖，眼睛與地板的距離一般在一百五十到二百公分的範圍內；日本人跪在地上拿布擦，眼睛與地板的距離最多只有六十到七十公分，連一根頭髮都不會放過。中國人做事一般『差不多』就算了；日本人可不是這樣，已經很好了還在琢磨能不能做得更精緻些，這個民族相當注重微觀、注重細節，所以直到今天電子產品做得最好的還是日本。」

「這裏是否有一個民族性的問題？」

「你說到了點子上。」翔千讚賞地點了點頭，「就像全世界做服裝永遠也搞不過西班牙和意大利一樣。這兩個民族都很有藝術細胞，許多人都是天生的藝術家。在我們這裏，你叫工人織一件羊毛衫，他能認認真真地把它織好就應該表揚了。而西班牙、意大利人，把織毛衫看作是一種享受，他織着織着就會換一個花樣，感覺不滿意會拆了再織，這樣試來試去還怕出不了好東西？這兩個民族天生就擁有這些細胞。」

為了讓每一件產品都能使消費者滿意，翔千在企業草創初期不斷虧損的情況下，力排眾議花大價錢請來了香港生產力促進局主席羅兆強，在企業裏建立了ISO9000質量管理體系。「輸得起，才能贏得起。」他反復向董事會說明這個道理。

羅兆強的確很有辦法，親自編寫教材，先培訓公司管理高層，再到每一個科室、每一個班組。他每星期來東莞，利用早晨十分鐘時間，一個小節、一個小節地講解，一邊建立質量保證體系，一邊使質量意識成為一種企業文化——對產品品質一絲不苟的文化。

ISO9000帶來了品質控制模式，「從原材料開始，設備、技術，每個環節都控制好了，一把手即使不看，產品都差不到哪裏去。產品質量不出問題，你也就不用擔心銷路了。」在通過ISO9000質量認證的那天，翔千十分興奮地對劉述峰說道。

翔千追求的是依靠制度去控制流程，無論是買機器設備，還是人事財務，都有制度嚴密地管着，一個部門經理甚至總經理都無法隨心所欲。

有一次，與一家日本公司談生意，日本人根據自己的經驗，一而再要求總經理出面，因為唯有這種級別的高管，才能把設備的價格一錘子定下來。可在「生益科技」，雖然一把手遲遲未能露面，日商最終還是簽下了單子。日本人很驚訝，再三要求和劉述峰見面，要當面問總經理一個問題。那天在飯局上，這位日本商人感慨地說，做了二十多年生意，一般都是先和科長談，再和處長談，最後才是總經理出馬，所以他不能一開始就把價格底線亮出來，只能一次次談一步步退，沒想到這一招在「生益科技」失靈了，因為總經理的權力也受制於管理流程。

其實，這就是翔千管理的高明之處。他為公司設計了一套制度，比如要購買一套設備，首先由總工程師明確，應該達到甚麼參數，然後尋找供應商進行比較，接着由工程師去談技術參數，具體到這台設備的型號、功率、甚麼廠家的品牌，都定得死死的。談到這裏，原來談判的一批人撤出，不再談了，於是讓商務組出面。這組人主要工作就是確定商務條款包括價格，有時由幾個供應商投標，這麼一套流程走下來，應該誰中標、誰淘汰，是一目瞭然的事情，高管在流程中如果沒有分配角色，根本就插不上手。由於整個流程都是由「懂」的人去做，結果都是又好又便宜。

誰能管好企業就交給誰

翔千一直表達這麼一個想法：如果他的兒女既沒有興趣又沒有能力的話，他將來不會將公司交給兒女——他喜歡任用職業經理人，誰能把企業管好就交給誰。

劉述峰就是翔千非常看好的職業經理人。

劉述峰剛來「生益科技」任總經理的時候，公司旁邊還是一片甘蔗田，除了門前那條國道時不時隆隆駛過卡車，周圍很難見到人影。工人們白天在廠裏上班，放工後沒有甚麼去處，只能在宿舍裏打打牌消磨時光。

一天，劉述峰向翔千提出申請：「你能不能批給我一些錢？」

「派甚麼用場？」

「我看這幢樓還有一層空在那兒，我想着開個歌舞廳。廠裏年輕人多，『幹活——睡覺』兩點一線總不是辦法，太枯燥乏味了！我想讓大家唱唱歌跳跳舞，活躍一下業餘生活。」

「唱歌嘛，還說得過去；跳舞，萬萬不行。」

「現在年輕人喜歡這東西，不但要唱還要跳。」劉述峰為難了。

翔千想了一想，回答說：「要我OK，你必須答應我，你自己不去跳。」

「要我答應你，一點也不難，只是在我印象中，唯有共產黨才會管這種事情。」

「劉總，我是老腦筋，我擔心你跳舞會生出是非。」翔千說出了心中的擔憂。

翔千不希望自己選擇的掌門人，是一個生活放蕩的人，這對企業將是致命傷。一個有幾億、幾十億在他手裏過的人，會有多少漂亮的女人投懷送抱——何況劉述峰年紀輕輕、相貌堂堂。如果沒有定力，像一些人那樣包二奶、玩女人，早晚有一天會打公司的主意，拿公家的錢去填女人的無底洞。這樣的事他見得太多了！

使翔千欣慰的是，劉述峰不但精明能幹，而且不貪財。

雖說翔千用錢精打細算，但該花的從來不會吝嗇。他有個觀點，聰明人、管理層必須是有錢人，應該享有與他們的知識、智力相匹配的優質生活。我們必須承認，人與人是有差異的，世界大同只是一種美好的理想，你讓一個很有能力的人去過農民工一樣的生活，非但說不上人性化，而且也不現實。為此，他私人給劉述峰另外開出了不菲的薪水。但翔千萬萬沒有想到，劉述峰在兼任公職的四年裏竟然把這部分私人薪水，上交給了大股東「廣東外貿」，也就是他人事關係所在的單位。當然，這事也是翔千多年後和劉述峰的一次閒聊中才知道的。

「你這是何苦呢？」翔千連連頓足，「我知道你們共產黨有個規矩，在外資企業裏儘管有一份高工資，但那只是名義上的，是水中月鏡中花，不屬於自己，要交給公家的。所以我多次問你能不能拿到，你說沒有問題。你如果告訴我沒辦法拿到手，我可以通過其他辦法給你嘛。」

「讓你煩心的事已經夠多了，我可不想再給你添堵。」

「那你為甚麼現在說真話了？」

「因為我在那邊的公職已經辭掉了，是自由人了。」

「你不會不知道我給你的錢，當時在香港可以買一套很好的房子，放到今天你已經是千萬富翁了。」

「可我只能那麼做，因為我那時還是國家幹部，是受到紀律約束的。說句老實話，如果我收下你的錢，今天我已不知在哪裏坐牢，也就不可能為生益服務了。」

「唉！」翔千雖然感到有點可惜，心裏卻暗暗歡喜，慶幸自己找到了一個既會招財又不貪財的職業經理人。

以宗教般虔誠搞實業

每一次來東莞，處理完公務之後，翔千總會拉上劉述峰聊聊天，聊聊藝術，聊聊生活，聊聊事業。兩個人面對面坐在墨綠色的單人沙發上，泡上一壺茶，可以聊到深更半夜，有幾次聊着聊着天就亮了。

有一天，劉述峰談起心中的困惑：「現在，中國人口袋裏的錢比以前多了，房子住得比以前寬敞了，生活比以前富裕了，可心裏高興不起來，人人都抱怨活得很煩、很累。」

翔千點點頭：「香港也一樣，老闆有老闆的壓力，打工仔有打工仔的壓力。」

「我有時累得快趴下了，就盼望着能夠早點退休，找個僻靜的地方，比方說山溝溝裏，像陶淵明一樣歸隱山野，過閒雲野鶴的生活。」

「採菊東籬下，悠然見南山。雞犬之聲相聞，老死不相往來——神仙一般的生活。」翔千半閉着眼，似乎陶醉在幻境裏，「我也想過到老家太湖邊上買塊地，搭一個草棚子，養幾隻雞鴨，種一點菜。不怕你笑話，我還跟無錫市政府講起這事，他們回答我，你看中哪一塊地就把它賣給你。」

「草棚？你現在還住得慣草棚？」劉逑峰笑着說：「還是蓋個別墅吧。真要蓋草棚的話，也只怕外面是草，裏面要用鋁合金，要不然到了夏天怎麼過啊？蚊子那麼多，不用空調能行嗎？」

翔千哈哈大笑：「真要那麼做，就成為『太湖一怪』了！」他頓了一頓，突然冒出來一句話：「像陶淵明那種活法，對民族、對國家不是福音吧？」

「這能扯上甚麼關係呢？」劉逑峰不以為然。

「陶淵明所代表的思想，可以用四個字來概括：明哲保身。面對那麼多社會問題，他的選擇是逃避，應該嗎？憑他的能量、他的知識，可以為社會多做一些事，可他躲進桃花源裏，除了寫寫詩發發牢騷，對國家、民族沒有一點貢獻。這太自私了！一個人活着的價值，不就是為別人做點事情嗎？」

劉述峰沒想到聊天竟會扯上這麼嚴肅的話題，更沒想到中國人語境中的「資本家」竟會有這麼高的境界。

翔千依然沉浸在自己的世界裏：「我們這代人一直有一個強烈的願望，希望祖國強大，不再受人欺負。我把強國夢寄託在實業上，『實業救國』是我們的祖訓。」

劉述峰發現，翔千對辦工廠、做實業的熱愛，已經到了一般人所無法理解的地步，只能用一個詞來形容：宗教般虔誠。

翔千繼續侃侃而談：「劉總，你知道，我不是一個很聰明的人，所以我不搞房地產、不搞金融。只有非常聰明，膽子又非常大的人，才能做這些行業。我明白，搞工業很辛苦，說『嘔心瀝血』一點也不過分，可是只要你努力幹了，一定會有回報。很多人辦工廠、搞實業失敗，最根本的原因是不專心，心猿意馬，辦廠的時候又去搞別的甚麼，想發橫財賺快錢。他們不是死在實業上，都是倒在其他地方，死在無限擴張上，死在三心兩意上。所以，我不准你搞房地產，不准你炒股票，連碰也不能碰，一心一意搞實業。再說，中國這麼多人口，你不搞實業，拿甚麼去解決就業問題？沒有實業，稅收從哪裏來？沒有實業，怎麼造槍造炮，抵抗外來侵略？」

這哪裏是閒聊，分明是一個人的心理解剖！

與翔千相處越久，劉述峰越是敬重他。從翔千身上，劉述峰看到了一個實業家的氣質、毅力、學識和遠見，看到了中華民族崛起的真正脊樑。

做全球行業中最好的

與劉述峰說到陶淵明和桃花源，並非是翔千突發奇想，而是在巨大壓力之下的一種念想。有時候，他覺得自己真的快要被壓垮了。

翔千是個將事業視作生命的人，只要有利於事業發展，再煩心、再操勞他也無所謂。自創辦「生益科技」以後，東莞市電子公司又給他推薦了另外一家電子廠，希望他一起拿下來。這是一家生產線路板的小廠，與「生益科技」相鄰而建，由於規模小、設備差，加上經營不善，正處於虧損狀態。在親朋好友一片反對聲中，翔千力排眾議，和東莞市電子公司第二次牽手，合資成立了東莞生益電子有限公司，並親自出任總經理。當然，翔千不可能想到，就是這個決策幾乎把他逼入絕境。

接手「生益電子」的最初幾年，並沒有出現奇跡，反而虧得更狠了——三年虧損六千多萬，其中有一年虧掉了三千多萬元！這時，銀行又露出了晴天送雨傘、下雨天催命似的討雨傘的本色，一個勁地逼着他還錢。

儘管遭遇困境，翔千仍埋頭做好企業的基礎工作，完善配套設備、培訓員工、樹立品質意識、開拓市場。該簽發的支票還得簽字，該說笑的時候還是輕鬆自如。只是在身邊沒有旁人的時候，他關上門靜靜地坐在沙發上，不言不語，看着窗外陰沉沉的天空沉思。

那一段時間，翔千真的有點兒撐不住了。

當然，他不是一個輕易認輸的人，不到最後一刻絕不會趴下來。他相信，美麗的彩虹總是出現在風雨之後。

終於，辛勤的耕耘獲得了回報。

在連續三年巨額虧損之後，終於告別了寒冬，迎來了明媚的春天。進入第四個年頭之後，「生益電子」的利潤不再是負數了，第五年賺了一億元，第六年賺得更多，超過二億元，之後又創下了新的紀錄，一年狂賺三億多元。

與此同時，它的姊妹企業「生益科技」也一路高歌猛進。翔千承包的第一年，公司的產量做到了六十萬平方米，當時在中國已經是大廠了，可以跟它媲美的企業不超過五家。一年之後，也就是第三年，這個數字就翻了一番，做到了一百二十萬平方米，佔中國全行業產量的百分之三十還多。一九九五年，「生益科技」的年產量，已經是中國排名第二到第六這五家工廠的總和。

「我們應該喝『慶功酒』啦！」年尾歲末，看到報表上的數字，劉述峰興奮莫名。

翔千不溫不火地說道：「差遠了。」

劉述峰愣住了：「那你的目標值是多少？」

「我希望一年做到一千萬平方米。」

劉述峰聽得目瞪口呆：「不會是天方夜譚吧？」當然，這一句話他沒有說出口，只是在心裏嘀咕着。

十多年之後，「天方夜譚」變成了現實。二〇一一年，「生益科技」的產量達到了四千三百萬平方米。那一年，全世界生產總數是五億平方米，中國生產數四億平方米，「生益科技」的產量在中國佔比超過百分之十，從六十萬變成四千三百萬，增長了整整七十倍，「生益科技」已經是一個世界排名前五的企業，具有巨大的優勢。

一九九八年，「生益科技」在上海證券交易所上市。為了上市融資，為企業的可持續發展奠定基礎，把企業做大做強，翔千動用了自己的私人資源，給時任總理朱鎔基寫了一封信。朱鎔基當年在上海做市長、書記時，翔千經常和他見面，兩人的關係很熟。朱鎔基做了總理以後，一次在全國「兩會」上見到翔千，還半開玩笑地對他說：「你怎麼六十多歲了還『變臉』，一轉身跳到電子這一行了。」翔千笑嘻嘻地回答他：「你不也是六十多歲了再跳一級——做總理了。」這一次，朱鎔基看到翔千的信後，支持「生益科技」上市融資，為此，翔千放棄了他對「生益科技」的絕對控股權，因為根據當時的國家政策，上市資源只能給國有企業。

「生益科技」雖已不是國內唯一一家覆銅板上市公司，其生產量和銷售量始終保持國內第一。公司曾多次獲得「中國電子元件百強企業」、「國家高新技術企業」、「國家馳名商標」、「全國模範勞動關係和諧企業」、「國家標準化良好行為 AAAA 級企業」等榮譽稱號。

二〇〇四年，「生益科技」在東莞松山湖高科技園區圈了四百多畝地興建松山湖工廠，整個項目預計總投資三十二億元，計劃用十年時間分五期開發完成。第一期工

01 —— 廣東生益科技股份有限公司

02 —— 唐翔千、唐英年與朱鎔基總理（2006 年，北京人民大會堂）

程設計生產能力四百萬平方米覆銅板，預計年銷售可達七億元。同時，為發展需要，「生益科技」走出東莞，在江蘇、陝西等地建立控股合資子公司。

「記得唐先生當初承包時說，我們要做全球行業中最好的。今天，我們做到了。完全是從零開始，沒有請一個外國人幫忙，就靠自己。很多企業設備雖比我們好，但我們仍擁有強大的比較優勢，因為我們的管理、技術、產品品質做得都很好。」在董事會上，劉述峰的表達並不掩飾自己的喜悅和興奮。

翔千坐在一邊靜靜地聽着，臉上掛着招牌式微笑。其實，他的心裏如翻江倒海似的，一刻也不得安寧。

此刻，他為自己設定了更高的目標。

他要建立電子王國。

第十三章

電子王國

美維集團上市後，唐慶年（後排左一）出任主席（攝於 2004 年）

準備大幹一番

一九九五年春天的一個早晨，天上飄着濛濛細雨。劉述峰像往常一樣早早來到廠裏，把小車開進車庫時，發現一輛黑色富豪七四〇停在那兒。

他見到翔千座駕，心裏一驚：今天，老闆怎麼來得這麼早，而且連招呼也不打一聲？平時，他都是在香港下班了才過來的。

劉述峰關上車門，急急往辦公大樓走去。在路過綠樹掩映的水池時，他突然發現翔千正背着手，悠然自得地看着水中的游魚。

劉述峰看到翔千，緊走幾步站到他面前，滿臉狐疑地問道：

「唐先生，你這麼早來，有甚麼要緊事嗎？」

「沒事沒事，看着水池裏這些魚搖頭擺尾，我在想怎麼讓它們游進黃浦江。」翔千抬起頭，笑眯眯地對劉述峰說。

劉述峰是聰明人，從翔千這句話裏，他大致上可以斷定，老先生又要有大動作了。

在辦公室裏，翔千告訴劉述峰：「我想去上海發展電子工業。」

劉述峰看着翔千沒有吱聲，打心眼裏佩服自己的老闆，七十多歲了，依然不停不歡，還不斷給自己加壓，一如曹操在他的名作《龜雖壽》裏所說：「老驥伏櫪，志在千里；烈士暮年，壯心不已。」但人畢竟要一天天老去，與前幾年相比，翔千的白頭髮多了，腰開始彎下來了，兩腿不那麼靈便了，簽字時手也微微顫抖了。古稀之年還朝九晚五去公司上班，已經相當不容易了，再要去上海打出一片新天地，身心承受得了嗎？

為翔千着想，劉述峰說出了心裏話：「如果你真想聽我的意見，一句話——我投反對票！」

翔千笑了笑，說：「我知道，你是為我好。我之所以這麼做是有原因的。一方面，我是上海人，總想為家鄉做點事情；二是我看好上海以及長三角的發展前景，那裏是製造業的高地，對外資一直很有吸引力；三是上海的人才優勢，那裏的大學和研究院特別多，不但人才濟濟而且水平高。要在中國成為一流的高科技製造企業，上海是注定繞不過去的。」

翔千總有一個情結：「實業救國」，或者說「實業興國」，辦一家「中國最好、世界一流」的企業。所以，當周圍朋友都對他轉型成功大加讚賞時，他根本興奮不起來，因為他有更宏大的抱負，要下一盤更大的棋。

一九八〇年代中期，在香港製造業轉型和技術升級的過程中，翔千審時度勢，在新界大埔工業村買下了三個電子廠，主要生產印製線路板。在此基礎上，成立了香港美維科技集團有限公司，開始進入電子業。此後，從成立「美加偉華」到收購「東方線路」，從創辦「生益科技」到接手「生益電子」，翔千大致上勾勒出了電子王國的雛形。

翔千明白，自己進入的是一個高科技行業，要站上電子工業的制高點，放棄上海是無論如何說不過去的。就像美國的高科技、創新型企業，都要扎堆在硅谷一樣，因為離開了那一塊土地，不管是做老闆的還是搞技術的，個個都像丟了魂似的，吃不好睡不香，總是擔心被別人甩到後面。

就在這時，時任上海松江縣委書記杜家毫登門造訪，希望翔千能夠落戶正在擴建的松江工業區。翔千對松江素有好感，知道它是上海這座大都市的發祥地，是江南一帶非常有名的魚米之鄉，它的三泖九峰名勝風景，曾吸引了范仲淹、司馬光這些文人墨客，寫下了優美動人的詩文華章。翔千還知道，松江水網密佈，公路四通八達，是辦工廠非常理想的地方。

就在翔千準備北上的時候，中國外經貿部發佈了《關於外商投資舉辦投資性公司的暫行條例》，鼓勵引進先進技術、設備，促進產業結構調整，並推出十項免稅政策。電子工業屬於國家鼓勵發展的產業，可以享受進口設備免稅的優惠政策，使得投資成本一下子降下來許多，這無疑又推了翔千一把。翔千唯有感歎命運的神奇：太不可思議了，就像冥冥中有甚麼安排一樣，這麼些利好不早不晚偏偏在這時湊到了一起，再猶猶豫豫、躑躅不前，太說不過去了！

翔千落戶松江的企業名稱是：上海美維電子有限公司。

人才是做實業的「第一資本」

俗話說，千軍易得，一將難求。人才，是關乎企業生死存亡的「第一資本」。好在去上海開辦公司之前，翔千心中已經有了人選。

幾年前，因為業務上的關係，翔千曾多次光顧上海一家印製線路板公司。當時，「美加偉華」和「生益科技」是這家公司的覆銅板供貨商。一來二去，翔千跟這家公司的副總經理徐劍雄熟悉起來，發現他雖然話語不多，說起業務來卻頭頭是道，對每一種線路板都瞭如指掌，諳熟技術上的細節與關鍵之處，而且在好多部門做過事情，市場部、生產部、製造部……重要的業務部門，他幾乎轉了個遍，從部門經理一路往上走，做過總經理助理，直至坐上副總經理的位子，管理經驗絕對豐富。

一九九四年，一個偶然的機會，兩人又見面了。

「唐先生，聽說『生益科技』建了個研發機構，這在行業裏是個大新聞啊！」顯然，對翔千這一舉措，徐劍雄艷羨不已。

翔千謙虛地笑笑：「我準備加大投資，把它建成一個國家級研發機構。」

徐劍雄知道翔千是一個言出必行的人，說過的話一定會想方設法做到。

「我還記得六七年前去『生益科技』，那時候只有一棟樓、一個車間，一條線、一部機器。如今，『生益科技』在全國是響噹噹的牌子。」

「你去的時候，我們還處於試生產階段，一個星期做兩天停三天。」

「現在已今非昔比啦！」徐劍雄讚歎道。

兩人談得很投緣，翔千乘機試探着問了一句——他看似隨意，其實已經考慮了很久：「徐先生，冒昧問你一聲，不知你願不願意來我們美維工作？」

徐劍雄一怔，旋即答道：「如果有合適的職位，我樂於從命。」

「真的？」翔千沒想到徐劍雄回答得這麼爽快。

「說實話，唐先生，認識你這麼久了，你的為人我了解得很清楚，你的經營理念我也很贊同。如果有機會，很願意為你的事業添磚加瓦。」

「謝謝你！」翔千笑容滿面，「我想先請你出任 Tom，也就是我的小兒子唐慶年的 CEO 助理，待你熟悉了美維集團的業務之後，再擔任更重要的職務。」

「你這麼安排，我感到很榮幸！」

那次談話不久，徐劍雄赴港出任「東方線路」CEO 助理，半年後升任副總經理，主抓產品質量，提升產品合格率，同時籌建上海新公司。

一九九六年三月，正是春寒料峭時節，在淡淡的晨霧中，一輛小轎車駛進上海松江工業區，在一座簡陋的瓜棚旁停了下來，車門開處，翔千和徐劍雄一先一後走了出來。

在他們的周圍，大部分地方依然是田園風光，凍得硬邦邦的土塊上，依稀可見或紅或黃的野花。只是在幾百米開外的地方，零零星星矗立着幾座廠房。顯然，松江工業區還是待開墾的處女地。

「這塊地，我已經買下來了。」翔千興致勃勃地用手比劃着，帶領徐劍雄在未來的廠區裏轉了一圈。

這塊地有五十多畝，足足有四五個足球場那麼大，早先是一片瓜地，如今滿地都是枯黃的籐蔓。

這時，太陽出來了，照在身上暖洋洋的。翔千登上了一處高坡，出神地眺望着遠方，似乎憧憬着將會在這兒發生的奇跡。

一年以後，也就是一九九七年五月，工程開始破土動工。一九九八年六月，廠房建造、機器安裝以及動力、空調、三廢處理設備調試等相繼宣告完成，七月份開始試生產，四個月後正式投入生產。

開工第二年，「美維電子」就實現銷售四億一千五百萬元，創收外匯五千萬美元，盈利三千八百萬元，躋身於上海工業銷售五百強之列，並被認定為上海市先進技術和出口型企業。

傾力培訓人才

「美維電子」開門大吉，使得翔千可以從從容容地走出第二步棋——籌建培訓中心。這一步，他期待已久，朝思暮想；這一步，將奠定電子王國的基礎。

這些年來，人才一直是翔千的一塊心病。要使企業在市場的風風雨雨中成為「不倒翁」，要使企業做大做強快速擴張，人才是最關鍵的因素。電子工業固然是朝陽產業，也是淘汰率極高的行業。一個新產品從研發到批量生產再到停產，一般也就二三年時間。只有孜孜不倦地追求技術升級，及時回應市場需求，才能在行業裏爭得一席之地。何況，翔千的目標是成為世界級公司，沒有出類拔萃的商業團隊，沒有成千上萬的技術人才，這只能是夢想，只能是海市蜃樓，可望而不可即。令翔千萬般苦惱的是，恰恰在這個問題上，遇到了事業發展的瓶頸。他很羨慕美國的同行能吸引到全球一流大學的學生，為此和劉述峰曾有過一次對話。

「聽說硅谷有好幾千清華大學畢業生，甚麼時候我們也能成為這些學生的第一選擇？」翔千問道。

「不可能。」劉述峰回答得很乾脆。

「為甚麼請不到清華的、請不到復旦的大學生？」翔千一臉疑惑。

「我們沒辦法請到最優秀的人才。」劉述峰加重語氣強調了自己的觀點。

「怕我付不起『人工』？」

「這不是錢的問題。你想想，考進清華、復旦的都是些甚麼人？都是尖子生，是一個縣裏、一個城市裏最聰明的年輕人。畢業後，他們怎麼可能跑到工廠裏呢？絕對沒有這種可能。那麼，他們都去哪兒了？三分之一去做公務員了，這是很好的出路；三分之一出國了，歐美有一大把好的大學在等着他們；三分之一留下來讀研究生。我們這些做實業的，怎麼可能招到全國排名前十位的大學生呢？」

翔千閉上了眼，不吭聲了。是啊，這幾年只聽說招公務員擠破頭，在銀行謀份差事要託關係，辦工廠的哪有這般風光啊？

劉述峰告訴翔千：「我們不必去招最好的，只要能招到合適的就行了。然後，通過我們的培訓，使他們成為優秀的人才。」

那次談話以後，翔千就一直想辦一所學校，學員必須選擇清一色的大學應屆畢業生，因為他們剛剛走出校門，還是一張白紙，頭腦裏雜七雜八的東西很少，而且都有很強的進取心，以及最基本的理論根底，如果結合實際工作進行培訓，可以為集團培養出「有個性」的「系列配套人才」。如果這種人才培訓模式能夠成功，能夠訓練出企業生產、經營、管理的整套人才，今後再開辦新的工廠，就可以把一班人馬一起調過去，從領班到部門經理再到總經理，方方面面的人才一應俱全。

決心有了，資金也安排好了，接下來的問題是誰來執行呢？

慧眼識能人

想到培訓中心，翔千腦海裏跳出來一個名字：蔣凌棫——這件事非此公莫屬。

蔣凌棫，曾任華東化工學院（現為華東理工大學）黨委書記、上海政協常委，在教育界人脈很廣，頗有聲望。蔣凌棫也是無錫人，還是翔千的遠房親戚，兩人在少年時期沒少交往，翔千去香港後一度失去聯繫，「文革」結束後雙方又接上了關係。翔千知道蔣凌棫為人厚道，在業內口碑不錯，若他能出山，此事已成功了一半。

想到這兒，翔千立即撥通了蔣凌棫的電話：

「弟弟，哥哥知道你剛從政協退下來，想請你辦一件大事情，不知道你願意不願意？」翔千比蔣凌棫大五歲，兩人一直以兄弟相稱。

「哥哥，讓我猜一下，你是不是在松江的電子廠建成了，在考慮員工培訓的事情？」電話那頭，蔣凌棫幾乎不加思索便道出了翔千的心思，兩兄弟真可謂「心有靈犀一點通」。

翔千呵呵笑了，和盤托出了自己的想法，希望蔣凌棫能助一臂之力。

從政協退下來以後，蔣凌棫一直在研究「後大學教育」的課題。他發現許多大學生畢業以後，用人單位如果不進行職業培訓，這些學生「眼高手低」的窘態就會顯露無遺。可是，正如中國大學教育有着許多缺憾一樣，「後大學教育」也存在很多問題，企業沒有成熟的培訓體系，缺乏具有針對性的培訓課程。為此，蔣凌棫他一直在探尋一種可以普遍適用的「後大學教育」的方法，翔千「培訓中心」的構思，一下子打開了蔣凌棫的思路。年屆七旬的老人二話不說當即答應了翔千，希望像老黃忠那樣發揮自己的餘熱。

「哥哥，放心，我幫你。這是對社會、對國家都有好處的事情，為甚麼不去試試看呢？」

於是，蔣凌棫起早摸黑開始了培訓中心的籌建：項目論證，找專家，請領導，教學方案設計……

翔千有了蔣凌棫這個好幫手，鬆了一口氣，可考慮到他畢竟年事已高，難免精力不濟，遂琢磨着找個年輕一些的人，最好是既懂教書育人，又懂企業經營，負責培訓中心的日常運營。

六弟崙千為哥哥推薦了一個人。

根據唐崙千提供的地址，翔千登上了巨鹿路一座辦公大樓的四樓，找到了時任上海聯合毛紡織有限公司黨委書記、副總經理賈文濤。

賈文濤是「聯合毛紡」的第一代員工，「聯合毛紡」被「上海實業」收購之後，他像許多人一樣繼續留在那裏工作，後來升任公司的一把手。他與翔千雖然多次照面，但兩人並沒有說過甚麼話。

看到翔千出現在自己辦公室，賈文濤大感意外，連忙把他迎進屋裏：「唐先生大駕光臨，賈某人不敢當啊！」

賈文濤安排翔千在沙發上坐下，開門見山地說：「唐先生，你是個大忙人，『無事不登三寶殿』，今天來找我，有甚麼事嗎？」

「喲，被你一眼看穿了！」翔千也開了個玩笑，臉上依舊是唐氏招牌笑容。

「是這樣的，」翔千不緊不慢地說，「我正在籌建培訓中心，缺少一個處理日常事務的負責人。崙千說你挺合適的，不知道你有沒有興趣？」

「唐先生，你也知道，我在『聯合毛紡』工作了好多年了，離開這裏真有點捨不得。」

「那好吧，你再考慮考慮。」唐翔千站起了身子。

此後，翔千三顧茅廬，一再邀請賈文濤加盟美維集團。幾次三番交談之後，賈文濤終於辭去了公職，與「美維電子」的徐劍雄一起，成了翔千在上海的兩位大將。

獨具一格的培訓模式

翔千給培訓中心起了一個名字：上海美維科技有限公司。

他看到「美維電子」旁邊有一塊荒地，面積幾乎是「美維電子」的兩倍，早先是村裏的一個魚塘，養了不少魚蝦，就把這塊地全部拿了下來。

他在這裏造起了教學樓、宿舍樓、後勤服務中心，添置了多媒體、電腦等設備，一期工程投資了二千萬美元，第二期又追加了九千萬美元，前後總共投資了逾一億三千萬美元。

為了使產學研能夠成為有機的整體，形成良好的互動，翔千還建了一個小型實驗工廠，給學生提供實驗的平台，讓學生了解一些比較前沿的產品。與此同時，他到處網羅人才，組建起二十多人的研發隊伍，創辦了研究發展中心，其中既有復旦、交大、中科院的博士生，也有海外留學回來的「海歸派」博士，還從國外進口了世界上最先進的測試儀器和生產設備。

為了激發年輕人的活力，給他們提供一條上升的通道，翔千還與華東理工大學合作，聯合開辦在職碩士班，使勤奮好學的員工能夠擁有國家承認的碩士學位，還對學習成績突出的人提供全額獎學金。

一旦發現極有潛質的年輕人，翔千還會把他們送出國門，去英國羅賓漢大學深造。上海交大畢業生查小剛很幸運地得到了這個機會。在英國，前半年是英語閱讀、寫作、口語的強化訓練，之後就開始正式的課程。一年學習到期後，查小剛向公司提出請求，希望再給他半年時間，這樣他便可以拿到碩士學位了。翔千聽說後一口答應：「好呀！這是好事情。」查小剛學成歸來後，很快升到了助理經理、經理，之後還擔任了集團

01, 02 —— 上海美維科技有限公司（美維培訓研究中心）

03 —— 小兒子唐慶年（後排右一）回港協助打理電子公司業務（攝於 1990 年代）

副總裁。

「美維科技」每年招生規模為一百人，也有幾次接近二百人。根據翔千的想法，人才培訓也要「三結合」：觀念＋經驗＋實際工作。為此，他將整個培訓分為兩個階段，第一個階段大多坐在教室裏。這個階段其實是為剛剛走出校門的學員安排一個適應期。這些學子讀了十幾年書，突然間，人生之路不一樣了，難免會產生心理障礙，對不可知的未來有一種莫名的憂慮。如今，到了「美維科技」一看，還是坐在教室裏，身邊還是同一個年齡段的學生，黑板前站着的還是滿腹經綸的老師，心裏一下子就放鬆了。當然，這也並非因為翔千菩薩心腸，而是這些年輕人確實有這種需要，他們的知識結構確實缺掉了一塊，進了這一個行業，你總得了解印製線路板是怎麼回事吧？總得了解每一道生產工序的特點和作用吧？總得了解生產管理、質量管理的基礎知識吧？因此，學習課本知識這一個環節是少不了的，這個階段的時間長度為三個月。第二個階段也是三個月，課堂就轉移到車間裏，轉移到機器旁邊去了，先前所學的專業知識，這會兒要派上用場了，得檢驗這些東西到底是不是真有用處。翔千要的不是花拳繡腿，不是高分低能一到操作層面就束手無策，他的絕招是把學員推上第一線，獨當一面、頂崗實習。這時，學員的弱點就暴露無遺了，他們的動手能力比較起應試能力，差得太遠了。這是一種很有挑戰性的安排，能夠鍛煉學生的適應能力，可以加深對課本知識的理解。

在培訓時直接安排上崗，翔千還有另外一個層面的考慮：把每一個人安排在合適的位置上。他在跟學員交流時諄諄告誡他們：

「你們已經知道了工廠的每個部門、每道工序，你們希望安排哪一個崗位，可以向帶你的導師反映，我會尊重你們自己的興趣，盡量使每個人的興趣、能力與崗位相匹配。我建議同學之間也相互協商一下。甚麼意思呢？舉個例子說，你希望做R&D（項目開發部），不妨聽聽其他同學的看法。別的同學也許會指出，你的性格不適宜做這個工作，因為你不是個很有想像力的人，不是個點子很多的人，但你可能是個辦事實實在在的人，所以你更適合生產線上的某一個崗位。為甚麼要提這個問題？因為許多人總是以為最了解自己，其實不是這麼回事。而如果在『做甚麼』這個問題上搞錯了，走錯了門，付出的代價就太大了！」

這種獨具一格的培訓模式，使「美維科技」的員工成了行業裏的寵兒，不少公司紛紛開出高價挖人。看到手下優秀人才跑到競爭對手那兒，徐劍雄坐不住了：

「我們不是在為他人做嫁衣裳嗎？花了大把的錢，卻讓別人撿了個便宜！」

翔千擺擺手：「沒關係。他走了，不過是從這扇門走到了那扇門，人還是在中國、在為中國電子工業做事嘛，這就行啦——當然，我們也要反思，自己培養出來的人才，為甚麼留不住呢？」

「人性化」的企業管理

為了留住員工，翔千提出了「四高政策」：高品質、高效率、高效益、高福利。

在「美維電子」和「美維科技」，付給工人的工資，比周圍工廠工人的平均工資一般要高出百分之四五十，而且包吃包住，只是宿舍裏的電費不是免費的——逼着你出門就關燈，不冷不熱的時候盡量不開空調。如果提拔到部門經理，拿到手的錢就高出社會平均水平一大截了，足以讓你過上體面生活。翔千的想法很簡單，如果付給員工的薪水不比人家多，你憑甚麼要求員工忠心耿耿為公司着想，沒日沒夜地為公司打拼呢？

「美維電子」和「美維科技」的宿舍樓，是按大學生公寓的標準建造的，四個人一間房，每人安排一張寫字枱，上面是單人床。工程完工以後，徐劍雄覺得在二十多平方米的房間裏這麼安排有點兒浪費了，應該再放進去一張床，這麼做可以壓縮掉五分之一的建築成本。

讓徐劍雄出乎意料之外的是，當他陪同翔千去查看宿舍樓，建議把「四人房」改為「五人房」時，翔千不以為然地橫了他一眼：「為甚麼要這麼改呢？讓大家住得舒服點、開心點，有甚麼不好呢？」

好像被扇了一記耳光，徐劍雄感到臉上熱辣辣的——受了幾十年的社會主義教育，大道理可以說出一套又一套，思想境界竟然還不如香港過來的老闆！

「以人為本」，是翔千管理企業的出發點。在董事會上曾有人提出，不妨採用兩班倒的辦法，讓一個工人幹十二個小時。這種做法對於降低經營成本，可以收到立竿見影的效果。就說建造宿舍樓吧，把三班倒變成兩班倒，不就可以少建三分之一嗎？

省錢當然是好事，可翔千總有點不放心，就先在一個車間進行試驗，看看有甚麼問題。兩個月後，很多工人反映太累了，生活太單調了，不是睜開眼睛幹活，就是閉上眼睛睡覺，這樣的人生有甚麼價值？這麼賺錢有甚麼樂趣？

這次試驗以後，翔千定了個規矩，每個崗位只能安排八小時，工人到時候必須走人，即使想留下來加班也不給他機會，這樣他就有時間學習、玩耍、休息了。

在美維集團，翔千還別出心裁推出了「新生活運動」，因為他發現現在的年輕人一有空不是握着鼠標看電腦，就是捧着手機做「低頭族」，沉迷在虛擬世界裏，說的話越來越少，同事之間、親友之間越來越疏遠。而且，生活自理能力也越來越差，不會洗衣服、不會疊被子的人比比皆是。翔千很擔心，這樣的精神面貌、這樣的人文素質，怎麼能形成一個很有凝聚力的工作團隊呢？一個連自己的私生活也處理不好的人，怎麼可能生產出一流的產品呢？

為此，翔千在做廠區規劃時，就連帶考慮了足球場、籃球場、桌球室、乒乓球房、健身房這些運動設施，以及圖書館、影視廳、歌舞廳等休閒娛樂設施，希望年輕人的生活能夠豐富多彩，希望他們的交友範圍能夠廣些再廣些，希望他們的幸福指數能夠高些再高些，希望他們能夠更加陽光些。

「新生活運動」要求大家不僅對工作一絲不苟，對待生活也要高標準嚴要求，回到宿舍之後，床上的被子要疊得方方正正，毛巾、牙刷、茶杯要放得中規中矩，脫下的皮鞋、運動鞋、拖鞋都要擺得整整齊齊。希望通過生活中的這些變化，使新來的員工逐漸形成一種意識：無論做甚麼事都要有一定之規，都要爭取做到最好。

臨危受命　告別瀟灑時光

在松江工業區美維科技大樓邊上，有一處遠離喧嘩的安謐院落，翔千把上海的家就安在了那兒。他幾乎每個月飛來一次上海，一住就是十天一個星期，去車間轉轉，找員工聊聊，再看看報表，聽聽匯報。他最高興的時候，就是去培訓中心和學員呆在一起，跟他們講講自己從商幾十年的心路歷程，講講一個老人對年輕一代的殷殷期望。

進入耄耋之年以後，因為腿腳越來越不聽使喚，翔千來松江的次數就少一些了，不過至多兩個月還是會來一次，住的時間就增加到兩個星期。他喜歡上海本幫菜草頭圈子紅燒肉，吃完午飯小憩一會，然後聽秘書讀讀香港《文匯報》《信報》《明報》，再看一會與公事有關的文件資料。公司裏的那些事情，就交給兒子唐慶年處理。

翔千的三兒子唐慶年，十五歲起獨身一人赴美求學，大學畢業後來到硅谷 IBM，幾年後做到了部門高管。一九八九年的一天晚上，唐慶年正在美國家中擺弄新添的高級音響，突然接到父親打來的電話，他心裏一驚：莫非母親身體不舒服？

「慶年，爸爸開了個電子廠，希望你能回來幫忙。」沒有寒暄，翔千開門見山。

唐慶年從小獨立生活，在外面十多年拚搏備嘗艱辛，對父親打下這片江山更加充滿敬意，無奈他性格上與翔千好像是從一個模子裏出來的，都不善於表達自己的感情，而是將濃濃的愛深深埋在心底。

聽到父親的召喚，唐慶年猶豫了。他對美國的生活已經習慣了，活得自由自在，如魚得水。他興趣廣泛，愛好刺激、獵奇，喜歡飛滑翔傘，喜歡開越野車，喜歡擺弄音響，「回到父親身邊，這一切恐怕只能成為記憶了。父親是個工作狂，跟着父親就再也不會有如此瀟灑的時光了！」唐慶年出神地想着，沒有回父親的話。

知子莫若父。翔千不難猜出兒子的心思，他沒有再說甚麼，就掛上了電話。

轉眼到了一九九一年，唐慶年收拾行裝，決定回香港。因為母親告訴他，父親的電子廠遇到了麻煩，吃不香睡不好，壓力大極了，期盼着諳熟這一行的兒子回來幫他打理公司業務。血濃於水，畢竟是自己的老爸在呼喚，唐慶年不再猶豫，辭去了 IBM

的工作，動身上路。

見到兒子，翔千十分高興，先將他安排在香港「東方線路」，從工程師做起，乘廠車上下班，與普通員工並無兩樣。做了一段時間後，翔千安排他擔任工程總監，幾年後升任總經理，開始手把手教他怎麼管理，怎麼用人，怎麼看財務報表。唐慶年遇到棘手的事情去父親辦公室請示時，翔千總是和顏悅色讓他坐下，先問他有甚麼想法，準備採取甚麼措施，然後和他一起討論A辦法有甚麼好處，B辦法有甚麼壞處，而不會在談話一開始給出肯定或否定的答案。

在翔千的辦公室裏，唐慶年總不免有些拘謹，因為這麼多年來，翔千從來沒有當面表揚過自己，但唐慶年發現父親處理問題時想得很深、看得很遠，這麼大年紀居然還保持如此旺盛的生命力和創新力，真正令人不可思議，說父親是「經營之神」一點也不過分。

翔千因為年事漸高、精神越來越差，跨入千禧年之後，基本上不管工廠的事了，由唐慶年獨當一面挑起了擔子。

在負責美維集團的時候，唐慶年也跟父親一樣，每個月一兩次飛到上海，了解工廠的具體運營情況，處理一些工作上的事務，每次大約歷時個把星期。工程師出身的他，對企業的發展往往有自己獨到的見解和前沿性的思考，比如，嘗試生產手機板，啟動 HDI 項目，籌建半導體基板工廠，都是唐慶年的主意。

在資本市場打出了組合拳

翔千不愧為「經營之神」，幾十年的商海拼搏使他明白一個真理：一定要讓專門之才做專業之事。為此，他在創辦「美維電子」的時候，又成立了一個專門做市場營銷的機構——美維國際貿易（上海）有限公司，註冊在上海浦東外高橋保稅區。不但填補了「美維電子」市場銷售這一方面的空缺，而且擔負起整個集團開拓長三角市場的任務。

由此美維集團形成了香港、廣東、上海三大業務區域，旗下擁有十多家子公司和生產企業，彼此有分有合，相輔相成。集團的業務也從生產用於計算機、服務器和汽車電子的單層、雙層普通線路板，發展到應用於智能手機、平板電腦的高密度線路板，甚至還進入了門檻極高、認證過程極其嚴格的飛機製造領域。合作的客戶不僅有中國電子業超級大腕華為科技、中興通訊等，還有蘋果、富士通、佳能這些超一流外資企業。

二〇〇七年二月二日，在美維集團基礎上重組的美維控股有限公司，在香港聯合交易所上市，募集資金超過十億港元。翔千在港交所標誌性的圓柱形電子屏幕下敲響了銅鑼，預示着唐氏家族的電子王國展開了輝煌的新紀元。

翔千把公司「一把手」的位置讓給了年輕一輩，由唐慶年出任主席兼董事總經理，自己則從一線退到了幕後，掛一個榮譽創辦主席的職銜，一是監管公司運營，二是為管理層提供策略性意見。

上市以後，「美維控股」宛如插上了翅膀的駿馬，在無限廣闊的電子世界一路狂奔。先是在上海、深圳擴建廠房，繼而拿出七億港元，收購了芬蘭印刷電路板製造公司 Aspocomp 旗下 HoldCo 大部分股份，此舉不但加快了公司生產基地的全球化，而且打通了北歐市場的銷售網絡。

二〇〇八年，「美維控股」全年營收五十六億二千六百萬元，同比增長百分之二十五點三，純利四億三百萬元，比上一年增加百分之十八。

當世界出現金融危機，環球市場風聲鶴唳時，翔千依然神閒氣定，按照原先計劃加快佈局。他給兒子唐慶年算了一筆賬：中國肯定要開放3G市場，一旦正式發放牌照，十三億人口、九百六十萬平方公里，將建多少基礎設施和配套設備呀！就說基站吧，每個發射站需要六至十平方英尺的線路板，未來五年如果有二百多個城市安裝基站，那就至少是三五十萬個基站，線路板的需求量高達三五百萬平方英尺。那是多麼龐大的市場呀！

不出翔千所料，「美維控股」在金融風暴下照樣高歌猛進。

之後，翔千在資本市場上又打出了一套組合拳。他先是將印刷線路板生產業務賣給美國同行TTM，交易金額超過四十億港元，其中現金將近九億元，餘下的超過三十一億元則由TTM發行三千六百三十萬股新股進行支付。此番交易使「美維控股」得到了TTM約百分之三十三的股權，成為它最大的股東。TTM是一間專業提供軍事及航天科技服務的公司，在美國納斯達克上市，合併之後，TTM在全球印製線路板行業的排名升到了第五位。另一方面，翔千全資擁有的公司Top Mix Investments，出資近三億港元買下了「美維控股」覆銅面板業務，通過現金及承兌票據等支付手段，翔千將小股東手上的股票全部買了回來。

經過這「一賣一買」，翔千運用資本市場的魔力，完成了「美維控股」的升級換代，借助美國公司超強的技術力量和銷售渠道，使「美維控股」真正成為了一家全球性跨國公司。

翔千的電子王國佈局已然完成，他似乎可以功成身退了。

然而，在翔千的詞典裏，「退休」這兩個字是不存在的。

第十四章

大愛無疆

唐翔千夫婦在無錫唐君遠墓前掃墓（1993 年）

屬於自己的服裝品牌

一九八九年，上海，恆隆廣場。

聚光燈下，紐約時裝品牌 TSE 正在舉行上海專賣店開幕剪綵儀式。和其他世界奢侈品牌一樣，高端品牌 TSE 也將中國內地第一站，放在了海內外聞名的時尚高地——恆隆廣場。

身穿紅色套裝的主禮嘉賓唐尤淑圻，神采奕奕地與香港藝人陳慧琳攜手登台，共同主持新店開幕剪綵儀式。面容嬌美、身材頎長的陳慧琳，穿着為她精心準備的 TSE 最新款服裝靚麗現身，盡顯天后級歌手高貴、優雅的氣質。

就在眾多時尚、娛樂媒體攝影記者，紛紛將閃光燈對準兩位女性之際，一位頭髮花白的老人在坐席上慢慢站起身來，一步一顫地踱到了裝飾一新的店堂裏。他上身穿一件全棉 T 恤，腳上着一雙黑色布鞋，活像上海老式弄堂裏的鄰家老伯。這個老人就是 TSE 集團主席唐翔千。

走在奢華而不失簡約的專賣店裏，翔千的目光掃過一款款摩登、漂亮的服飾新品，最後停留在頗具個性的「TSE」三個大字上，不由得百感交集。

雖說在電子業做得有聲有色，但翔千總覺得自己的人生有一大缺憾——他做夢都想做一款世界級服裝品牌，相當於運動鞋當中的阿迪達斯、耐克，成功男士鍾愛的BOSS，職業女性喜歡的LV……但是，這個目標也許是可望而不可及了。毫無疑問，TSE最有可能為自己圓夢。它是翔千一九八〇年代末期在紐約註冊的一個品牌，目標客戶是時尚女性，希望為她們打造一款每天都可以穿的衣服，在正式場合穿不失身份，在休閒時候穿則舒舒服服，因而它做得很經典、很高級、很有品質感。TSE走的是高端路線，一件衣服賣到一千二百美元，專賣店全都開在紐約第五大道、巴黎香榭麗舍大街這一類「鑽石地段」，超豪華裝修，而且每隔兩年就翻修一次，採用最時尚的材質和最前衛的設計。經過這麼些年的努力，TSE的年生產量已經有六萬件，銷售網絡遍佈世界各地，專賣店數量達到一百多間，在全世界大都市最著名的商圈，都不難找到TSE專賣店。在世界時裝界，有人曾將TSE與登喜路相提並論，但翔千心裏清清楚楚，TSE雖然賣到了登喜路的價格，但與這種國際一線品牌還有不小的差距，這距離雖然不見得有十萬八千里，但要像它們那樣既有文化底蘊又不斷創新，其難度絕對不亞於攀登珠穆朗瑪峰。

翔千明白，不使出十二分的勁，不調動全部的資源，要想使 TSE 成為世界頂級品牌只能是水中月鏡中花。令他無可奈何的是，根本不可能把所有的時間、精力都交給 TSE，別的不說，美維集團那麼多子公司就要耗掉自己大部分時間，何況還有其他好多事情。

父親的心願

一九八六年，唐君遠過八十五歲生日，膝下子女難得一個不落地齊齊聚集在一起。

這次來上海，翔千心裏有些忐忑，他實在想不出送甚麼禮物給父親祝壽。

翔千問父親：「爸爸，我一直想送您一件生日禮物，可想了好多日子還是想不出來。您能不能告訴我想要甚麼禮物，我送給您！」

唐君遠笑道：「你再不開口，我就憋不住了。」

翔千興奮莫名：「您說，哪怕要天上的月亮，我也讓人給您摘下來。」

「我可能有點獅子大開口——給我一萬元。」

翔千聽了有些詫異，須知那時內地年輕人參加工作，第一年每月才十七八元，第二年二十多元，第三年學徒期滿了也只有三十六元，此後不知猴年馬月才能再加工資，如果說某某人是「萬元戶」，那就絕對是富豪級別了。

也許，父親想開了，捨得花錢了。翔千這麼想着，不禁笑出聲來：「您能吃掉點用掉點，那太好了！我明天一早就去銀行把鈔票拿出來。」

唐君遠連連搖頭：「你只要把鈔票打到一個賬號裏就行了。」

翔千不明白了：「哪一個賬號？」

「大同中學。我想還一個願，早在你們兄妹幾個在那裏讀書時，我就想設立一個獎學金，獎勵學習成績特別好的學生，鼓勵學校為國家多培養幾個棟樑之材。」

翔千撫掌笑道：「爸爸，您的提議非常好，也替我們做子女的了了一個心願。我看，就叫『唐君遠獎學金』吧！」

眾人紛紛叫好。

這一次生日聚會，在唐氏家族歷史上留下了濃濃一筆。

一九八七年，「唐君遠獎學金」在大同中學正式設立，用於獎勵學業優秀的學生。

01 ——「唐君遠獎學金」在大同中學成立
02 —— 唐君遠與大同中學獲獎師生見面

成立教育基金

一九九二年十月十六日，是翔千終生難忘的日子，在大埔區的辦公室裏，他接到了父親病危的通知。他二話不說，放下身邊的公務急急趕到上海，父親已經在兩小時之前離世，留給翔千的，只是綿綿無盡的思念。

在唐君遠病重期間，醫院曾多次發出病危通知。每次接到家人打來的電話，翔千總是想盡辦法在第一時間趕到上海，待到父親病情好轉脫離危險再返回香港。可儘管如此，他還是沒能親自為父親送終，成為永久的遺憾。想想父親辛苦一世，唯一的願望就是辦個獎學金，希望國家能多出優秀人才。在父親九十一年生涯中，他最為看重的，就是「教育—人才」。他曾對子女說：「我沒有甚麼財產可以留給你們，我能給你們的財富就是讓你們讀書。你們讀好了書學到了本事，以後錢賺多了就多享福，賺少了就過得差一點。」

在父親葬禮上，翔千表達了自己的願望：繼承父親的遺願，做實做大「唐君遠獎學金」，將其作為自己餘生的一件大事，以告慰父親在天之靈。其實，在此之前，翔千根據父親意願，曾經以「唐君遠獎學金」名義向中國紡織大學捐款一百萬元，還拿

03 ——1991 年唐君遠先生 90 歲生日一家合照
04 —— 在唐君遠先生紀念銅像揭幕儀式上合影（1994 年，無錫）

出五十萬元獎勵大同中學、位育中學等六所學校的優秀學生及教師。

翔千屬於「謀定而後動」那種人，每辦一件事，總喜歡前前後後、裏裏外外想個透。

在辦「唐君遠獎學金」之前，翔千也一直想為中國的教育事業做點事情。他很欣賞邵逸夫，一年一個億捐出來，好多大城市都豎立着他捐贈的教學樓，受益的學子真不止幾千幾萬！不過，他也聽很多香港老闆歎過苦經，這些人都是費盡了心血才掙了大錢，可滿懷慈悲心捐出來之後，卻發現與初衷相差得實在太遠了——當初明明說好捐一座圖書館，待到竣工時一看，卻變成了辦公樓；打進基金會賬號幾百萬、幾千萬元，兩三年下來，實實在在幫到教育的事沒辦成幾件，吃吃喝喝、遊山玩水倒花去了一大筆錢……本想做慈善盡點社會責任，結果花了錢費了力反而弄出一包氣。

翔千不吝嗇錢財，但也不想被人當作「葱頭」你斬一刀他斬一刀。他打算組成個基金會，正式登記註冊，讓它像一個機構那樣正常運作。為此，他想到要搭建一個工作班子來管理日常事務，比如與哪些學校掛鈎，把獎學金發給哪些學生，發獎以後再怎麼跟進，等等。

一番思考之後，翔千開始行動了。

他先是把「唐君遠獎學金」改名「唐氏教育基金會」，並請自己的叔叔唐宏源擔任會長，希望唐家人把基金會看作大家庭中的一員，精心呵護，傾情支持——眾人拾柴火焰高嘛！

在一九九〇年代初期，基金會在中國內地還是鮮為人知的「新生事物」，對於這種具有社團性質，且由境外資金成立的基金會，主管部門對有關申請往往實行「拖字訣」，害怕自己對這方面的政策拿捏不準。所以，成立唐氏教育基金會的申請遞交後一直杳無音信。

為此，翔千只好去上海市委統戰部見時任部長趙定玉。他知道這個部長是個「務實派」，平日裏話語不多，但一諾千金。只要答應下來的事情，會想盡辦法落到實處。

趙定玉聽了翔千訴說之後，找到了中國人民銀行上海分行行長毛應梁——根據有關規定，建立基金會須經過人民銀行批准。趙定玉請毛應梁幫忙想辦法，盡快讓唐氏教育基金會正式落地。

經過努力，基金會的「准生證」終於拿到了。接下來的問題是，日常性事務交給誰來打理呢？

翔千想到了一個人——馬韞芳。

馬韞芳，祖籍廣東省潮陽縣，一九三〇年出生在上海，大學畢業後便到剛剛成立的中共上海市委統戰部從事秘書工作，之後，一直在統戰部門工作到離休，曾擔任過工商處處長和聯絡處處長。

翔千與馬韞芳私交甚篤，他在錦江飯店訂了間小包房，單獨請馬韞芳吃飯，席間請她出任基金會秘書長。

那時候，馬韞芳正從滬港經濟發展協會副總幹事、《滬港經濟》副總編的位置上退下來。所以，與翔千談話不久，她就走馬上任，天天改去基金會上班。

她果然不負重託，帶領一班人將基金會做得有聲有色，聯絡範圍從最初的一所學校，擴展到三十多所，幾乎囊括了上海的優秀中學；對考取北大、清華、復旦、交大等重點大學，或繼續攻讀碩士、博士學位的獲獎學生，基金會一路跟蹤直到國門之外，每年進行評審，成績優異者繼續發放獎學金。對於這些獲獎學生，馬韞芳的關愛無微不至，絲毫也不亞於自己的孫兒孫女。每逢到北京等地出差，她事前總要讓人查一查，那兒有沒有唐氏教育基金會獲獎學生，如果有的話，她總會抽空去看看他們。

同樣，拿到獎學金的學生，也把基金會看作是一個大家庭，每年大年初一總會相約着給馬韞芳拜年，談戀愛的會把朋友帶上讓她看看，有了孩子的會抱着「囡囡」來見見「奶奶」。

當許多老闆抱怨自己名下的基金會是個「無底洞」時，唐氏教育基金會卻是另一番模樣。這些年來，基金會各項公益支出總額高達五千萬元，但翔千打進來的本金卻沒有動用一分一厘。用馬韞芳的話說，「每年的開銷都是賺出來的。」

這是怎麼一回事呢？

說起來，馬韞芳的「財商」還真不賴。她找銀行談，跟它們簽訂協議利率，這樣，利息就可以多出幾個百分點，這對於成百上千萬存款而言，絕對不是個小數目；她會在各種投資選項中精挑細選，反復比較之後拿出一筆錢去做信託，此類投資的回報當然比銀行好多了，只是在選擇信託公司和投資項目時必須慎之又慎，將安全性擺在第一位；她也會在專業人士幫助下買入一些股票，不過這方面投資她很謹慎，買進的股票大多是自己相當熟悉的那些公司，投入的資金量也十分有限；房屋出租也是很重要的收入來源，翔千把一些房產也交給了基金會，為找個能出高價的好租戶，她也費了不少心思……

為基金會註冊登記，馬韞芳也費了九牛二虎之力，兩次跑到北京，找了當時央行行長戴相龍，這才為基金會拿到了「身份證」。那一年，央行在全國範圍內才批了兩個基金會，其中一個就是唐氏教育基金會。在正式辦理登記手續時，定名為「上海唐氏教育基金會」，註冊基金四千萬元，二〇〇五年時改名為「上海唐君遠教育基金會」，一直沿用至今，唐翔千、唐崙千兄弟倆任基金會正、副會長。

二〇〇六年，馬韞芳辭去基金會秘書長時，基金規模已經達到了一億元。這錢絕大部分是翔千拿出來的，這麼些年來，他不斷地往基金會注入資金。唐君遠生前創建的「上海愛建股份有限公司」，在上市的時候，翔千當年為父親投入的一百萬已經變成了二千萬元，他把這些錢全數投進了基金會，他對馬韞芳說：「這錢不是我通過自身努力賺來的，所以最好的辦法就是拿來回報社會。而且，當年也是爸爸勸我投資『愛建』的，為了紀念他，這錢也應該投入基金會。」

翔千兄弟姐妹也一致同意，把長樂路上的一幢花園洋房捐獻出來，裝修整飭後作

05

05 —— 上海唐君遠教育基金會會章
06, 07 —— 上海唐君遠教育基金會會址

為基金會的永久會址。在基金會當副秘書長的唐新瓔，把基金會每月發放的工作津貼全部捐了出來，希望也能為基金會增幾塊磚添幾片瓦。

一批批受惠於基金會的優秀學子，走向世界後萌生了反哺基金會的心願，以「唐氏人」名義發起了「唐氏教育基金同學會項目基金」。唐翔千知道後欣喜萬分，當即表示學生每捐獻一元錢，他就按相同數額增撥資金給基金會。

有一位受助學生在寫給基金會的信中這樣寫道：

我不是月亮——它只會等待別人來照亮自己，自己卻永遠不會發光。而我願做一顆火種，在被點燃之後便能去點燃新的火種，把光與熱一代代傳遞下去。

不要給子女留太多的錢

經過幾十年辛苦打拼，翔千創造的財富，自己的家人幾世乃至幾十世可能都花不完。但是，錢多未必就是好事情。

在翔千的同學裏面，有很多公子哥兒，從小過着飯來張口、衣來伸手，出門有司機開車的奢華生活。可這些人後來怎麼樣呢？凡是父母留下大把金錢的，大部分人命運多舛。這是為甚麼？因為在這種家庭裏出生的孩子，從小生活在象牙塔裏，不愁吃不愁穿，也沒有嘗到過被人欺負的滋味。因此，他們大多思想比較單純、頭腦比較簡單，不了解這個社會有多麼複雜、多麼凶險。而在他們的身邊，準會出現幾個壞人，告訴他們怎麼花錢——吃可以花錢，玩可以花錢，嫖可以花錢，賭可以花錢。這麼花錢，再多的錢也會坐吃山空。如果沾上了賭、毒，就更糟糕了，沒有一個會有好下場。所以翔千打定主意，絕不要留給子女太多的錢。在這個問題上，他很贊同美國富豪卡耐基的那句話——「留給後代『萬能的美元』，無異於留給他們一個詛咒。」

也有人建議翔千，既然不想讓下一輩喪失賺錢的能力，那麼，把你的企業交給他們，把工廠交給他們打理。對這個說法，翔千也不贊成，他的辦法是把企業交給職業經理人管理，家人至多在董事會當個董事長、副董事長或者執行董事，因為賺錢並不是人人都能幹的事兒。假如子女中有這個才能管理企業，那倒也不失為雙贏；可如果不是這塊料呢？那不是害了子女嗎？兒女們不可能個個都有經商的天分，也不是個個都喜歡做老闆，何況老闆實在不好當，硬坐在這個位子上，不但自己苦不堪言，而且很可能敗掉全部家當，落下個「赤條條來去無牽掛」的結局。

翔千的財富安排是，只要是唐氏家族的成員，只要是自己的子孫，如果你願意讀書，不管讀幼稚園還是大學，不管是在國內還是國外，所有的費用都已經留好了；你還可以在全世界任何一個地方買下一套實用型的房子——這錢，你也不用擔心了。接下來的事情，就看每個人的造化了，有本事做老闆的就多賺點錢，沒本事的就去給人家打工，當然，做科學家、工程師或者醫生，也是應該鼓勵的職業選擇，這就要看各人的興趣、志向了。

根據這種思路，翔千希望把更多的資源投入基金會。

當然，基金會的運作模式也要「與時俱進」。賺錢固然是一門學問，花錢又何嘗不是如此？同樣做慈善基金會，比爾．蓋茨就是棋高一着，不但一步一個腳印，把善事做得扎扎實實，而且吸引的資金越來越多，基金規模不斷擴大，影響力與日俱增。自己辦的這個基金會，如果要更上一層樓，找到出色的領軍人物，已經越來越重要了。

想到這裏，翔千腦海裏浮現出一個人——王生洪，自己的好朋友！

延伸至高等教育

王生洪，江蘇南通人，曾先後擔任上海科技大學常務副校長、上海市政府教育衛生辦公室主任、上海市高教局局長、上海市委統戰部長、上海市政協副主席、復旦大學校長。在任上海市教衛辦主任時，王生洪就與翔千相識，當時翔千拿出四百萬元人民幣，給上海科技大學捐贈了一座圖書館，在那次捐贈儀式上，兩人相談甚歡，翔千一句「圖書館是一個學校的心臟」，更令王生洪印象深刻，久久難忘。後來，王生洪與翔千時常在北京相遇，因為兩人一個是全國政協委員，一個是全國政協常委，每年都要參加全國「兩會」。每到這個時候，王生洪總會抽空拜訪翔千，翔千也總會請王生洪吃飯，在北京飯店的小包房裏，點上三五個家常菜，開一瓶紅酒，兩個人就天南海北聊開了。西部開發、市場開放、滬港合作、義務教育，宏觀微觀、國事家事，可以說無話不談。

基金會的事情，翔千也經常與王生洪商量。邀請他擔任基金會名譽理事長，王生洪也欣然應允。在任職上海統戰部長期間，為唐氏基金會拿到相關部門的批文，王生洪還親自出馬，找到時任上海市長徐匡迪，請他批示有關部門盡快辦妥手續。

二〇一〇年的一個下午，剛從擔任了十年的復旦大學校長崗位上退下來的王生洪，如同往年一樣來到長樂路那幢花園洋房裏，參加唐君遠教育基金會的理事會議。會畢，翔千親熱地把王生洪拉到一邊：「王校長，你來做基金會的會長，幫我管理基金會吧。」

王生洪聽後，沉思了一會兒，很快就點頭答應了。自己是搞教育的，退休了還能在教書育人方面發揮餘熱，真正是蠻不錯的人生安排。再加上王生洪對翔千的為人一直十分敬佩，對他的「實業救國」「教育興國」的理念也由衷贊同。

「唐先生，我很樂意到基金會工作。」王生洪是個性情中人，答應得爽爽快快。

「謝謝王校長！」翔千滿臉笑容，「既然擔任了會長，你就大膽抓、放手管，不要有任何顧慮。」

「唐先生放心，我一定盡力而為。」王生洪話鋒一轉，進入了新的角色：「唐先生，你對基金會工作有甚麼要求嗎？」

翔千沉吟了一會，緩緩說道：「我記得年輕時上海有一所學校，是英國人亨利·雷士德出錢辦的，名字就叫『雷士德工學院』，培養出來的學生都是技術上的尖子。」

王生洪不由得眼前一亮：「唐先生是不是想把基金會工作從中學延伸到大學，從基礎教育延伸到高等教育，延伸到培養應用型技術人才？」

翔千連連點頭：「中國已經是製造業大國了，要成為製造業強國，必須要有成百上千、成千上萬名優秀工程師。」

那一夜，翔千和王生洪在燈下促膝長談，對基金會的發展方向達成三點共識：一要按照社會需求，辦出自己的特色；二要開闊視野，參與國際交流；三要永遠辦下去，薪火相傳。

圓了唐家一個夢

王生洪隔天就找來蔣凌棫一起商量。蔣凌棫不僅是唐翔千的好朋友，也是王生洪的老同事，王生洪任市教衛辦主任時（後兼任過高教局局長），蔣凌棫是高教局副局長。兩人經過一個多月的調查研究，還請了圈內人一起集思廣益，終於形成了一個方案。

這天，見到翔千時，王生洪主動談起了這個話題：

「唐先生，你上一次談話提到的雷士德，對我和蔣局長都很有啟發。」

「你們也想辦一所大學？」翔千饒有興致地問道。

王生洪連連搖頭：「現在全國已經有三千多所大學，資源過剩啦！最好的辦法是找合適的大學合作，在大學裏辦學院，培養專業英才。」

「王校長有具體想法嗎？」

「我們打算選擇兩所大學合作，一所是上海大學，一所是江南大學——在唐先生的老家無錫。」王生洪侃侃而談，「學院的名字我們也想好了，一個叫作君遠學院，一個叫作翔英學院——『教育興國』也是唐家三代人的夢想。」

「王校長想得真周到。」翔千由衷讚歎。

「我知道你不喜歡那種理論來理論去的學生，希望培養應用型人才，教育部最近也正在啟動『卓越工程師教育培養計劃』，唐先生的想法與國家的規劃不謀而合。君遠學院、翔英學院的創辦，可以說佔盡了『天時、地利、人和』。我們盡量想辦法申請列入國家計劃，主要培養通信、電子、機電一體化方面的工程師，這麼做對學生、學院、國家都是天大的好事。」

翔千大喜過望，緊緊握住王生洪的手：「謝謝你們幫助唐家圓了一個夢。」

其實，從二〇〇七年起，翔千就先後向無錫機電高等職業技術學校捐贈近二千萬元，建造君遠科技樓和君遠實訓中心，資助購買先進的教學實訓設備，支持職業技術人才的培養，使學校成為國家職業教育改革發展示範學校。如今，王生洪提出在全國的二一一重點建設大學中創辦培養優秀工程師的學院，把他的設想又向前推進了一步，當然十分高興。他當即拍板，捐贈八千萬元，為創辦這兩所學院設立專項教育基金。

上海大學校長和江南大學領導聞訊喜出望外，他們都正在謀劃如何響應教育部「卓越工程師教育培養計劃」，翔千此舉無疑是雪中送炭。兩所學校很快與上海唐君遠教育基金會簽訂了合作協議，積極推進有關計劃，制定校企合作方案，同時申報國家「卓越工程師」項目。

在接受記者採訪時，翔千滿面笑容地說道：

「家父經常說，興辦教育、培養人才是立國之本、強國之路。我也始終堅信，教育興國是一件功在千秋的大事情。中國正面臨從製造業大國到製造業強國的轉變，急需一大批懂理論、會創造、動手能力強的高級技術人才。現在的大學生在踏上社會之後，如何迅速地完成理論知識到實踐知識的轉型，這是我一直在思考的問題，也是我創辦基金會的目的之一。知識不光是供我們學的，更是給我們用的。如何把知識用得

08 —— 基金會與江南大學合作成立「君遠學院」

09 —— 2010 年基金會與上海大學合作成立「翔英學院」

巧妙，用對地方，是一門學問。」

基金會在參與國家「卓越工程師教育培養計劃」的同時，圍繞着基礎教育和國際交流也屢出新招，聯合香港教育交流中心共同主辦赴港修學活動。二〇一二年七月，基金會讓十五所設獎學校各推薦一名優秀高中生，入住香港中文大學學生宿舍，參觀香港大學、香港科技大學等著名大學，和大學領導、教授、學生零距離接觸，使這些中學生獲益匪淺。

基金會還與上海交通大學合作，設立唐尤淑圻獎學金，獎勵部分優秀研究生；在復旦大學設立「海外交流學生翔千獎學金」，每年資助一些優秀大學生去美國一流大學交流學習。二〇一二年，有七位品學兼優的大學生獲得基金會資助，前往美國加州大學和華盛頓聖路易斯大學學習。這些學生回來後紛紛表示，這次美國之行太值得了，雖然時間非常緊湊，每天的日程排得滿滿的，在實驗室和課堂之間來回奔波，但看到了美國不一樣的科研方式，接觸到了不一樣的思想、不一樣的思維模式和管理理念，開闊了自己的視野，這是最為難得、最有價值的收穫。

讓基金會成為常青樹

二〇一二年，上海唐君遠教育基金會成立二十五周年。就在上上下下熱熱鬧鬧張羅慶祝活動的時候，翔千卻在思考着一個問題：如何讓基金會成為一棵常青樹？

二十五周年，對基金會確實是一個值得慶賀和紀念的時刻。二十五年來，在唐氏家族的齊心支持下，在基金會同仁的努力之下，基金會由小變大，從當初成立時的一萬元，到如今達到了將近二億元的規模。這些年來，基金會共支出公益經費超過一億元，資助大、中學生六萬多人次、教師七千人次，支教助學項目六十多個。基金會不斷創新，拓寬捐助領域，逐步形成了自己的辦會特色，成為非公募家族型基金會在支持教育、培養人才方面一個中國式典型。

既然基金會是一項永續事業，就得考慮讓一個後生來接班呀！自己在理事長這個位置上已經有二十五年了，是時候該退下來了。

那麼，誰來做基金會理事長呢？

這是翔千近年來一直思考的問題，他請王生洪幫助聽聽各方意見。

王生洪深感責任重大，聽取了方方面面特別是各位理事的意見，然後提出了大家心儀的人選——唐英年。

這一提議，翔千點頭表示同意。

唐英年的能力毋庸置疑。他在幫助父親打理家族生意，擔任「半島針織」董事總經理期間，把公司管理得井井有條，生意蒸蒸日上；之後棄商從政，出任特區政府工商及科技局長、財政司長，香港經濟遂從谷底回升，繼而強勁復甦，使財政收入由負數變成為正數。對於教育，唐英年一直將它放在十分重要的位置，在擔任香港政府二三把手期間，即使在最艱難時候，他照樣強調教育開支不能減少。他認為香港最重要的資源就是人，要維持全球競爭力，教育投入只能增加不能減少。他對教育公益也十分熱心，二〇〇五年就和父母一起向基金會獲獎大學生頒獎，參加安放在大同中學的唐君遠銅像揭幕活動。每一次回無錫、常州參加唐氏家族尋根祭祖活動，他總會抽時間去基金會資助的學校走走看看，參加過無錫機電學校君遠科技樓的奠基，還在江南大學君遠書院成立典禮上講話，對校企合作、培養人才也提出了不少獨到的想法。

二〇一三年十月，在上海唐君遠教育基金會二屆八次理事會上，唐英年全票當選為理事長，翔千則被推舉為終身名譽理事長。會後，在基金會那棟法式風格的洋房裏，

10 ——2005 年唐英年參與基金會的頒獎活動

11 ——2007 年唐英年參加無錫機電學校君遠科技樓奠基儀式

12 ——2013 年唐英年參觀唐君遠紀念室（左一為基金會會長王生洪）

唐英年接受了香港多家媒體的採訪，表示接棒基金會後，會以「一個都不能少」的精神，做好獎學助學工作，「教育和人才培養是一個長期的過程，我會以祖父和家父為榜樣，繼往開來，為培訓人才作出貢獻。」

看到基金會後繼有人，翔千心裏就像灌了蜜一樣，甜滋滋的。

這位老人一直夢想中國也能有個類似諾貝爾基金會的機構，獎勵世界上最優秀的中國人，為振興中華作一點貢獻。

第十五章

尋常一日

退而不休的唐翔千

生活節奏變得慢了

二〇一四年，翔千九十一歲，生命之舟悠悠然駛向期頤之年。

翔千的生活節奏，自然而然慢了下來。

每天早晨，當陽光透過低垂的窗簾照進屋子的時候，翔千醒了。聽着窗外清脆悅耳的鳥鳴聲，不用看鐘，翔千便知道應該在七點半左右。所謂「左右」，這個區間最多也就刻把鐘。

每天睜開眼，翔千便從心底裏感激父母，感謝他們給了自己健康的體魄。不知有多少老人——其實，他們大都比自己年輕得多——晚上翻來翻去睡不着覺，被失眠症折磨得痛苦不堪。自己卻幾乎沒有這種體驗，只要頭靠到枕頭上，幾分鐘後就進入了夢鄉。

在床上靜靜地躺一會兒，醒一醒神，翔千就起床了。

刷牙、洗臉這些常規性動作完成之後，翔千會用毛巾把牙刷、牙膏、漱口杯揩得乾乾淨淨，哪怕是台盆上的水珠，也不會留下一滴。這一連串動作，一個也不會少——有甚麼辦法呢？幾十年養成的習慣，改也難。

翔千的早餐很簡單：一碗白粥，一盒酸奶，外加一個荷包蛋。他喜歡蛋煎得嫩一點，輕輕咬一口，金燦燦的蛋黃便會溢出來，不但看着有趣，吃起來味道也不錯。早餐的小菜，是無錫人愛吃的肉鬆和醉魚。以前，餐桌上還會擺一小盆油汆豆瓣或者油條，假使在豆瓣上撒些細鹽，或者吃油條時蘸點鮮醬油，這個味道不要太好噢！現在，這些東西都從餐桌上消失了，家裏人說油炸食品對身體有害處，吃多了容易致癌云云。

吃了早飯，翔千坐上停在大門口的奔馳三五〇，去大埔工業區的公司上班。他到廠裏的時間通常在九點到九點半。

說是上班，其實與過去已不可同日而語。那時，翔千還沒走進辦公室，已經有人候在門口了，匯報工作的、洽談業務的、要求簽字蓋章的，一個接着一個，常常連喘口氣的時間也沒有。如今，排着隊找他談事兒已一去不復返了，公司管理早就交給兒子唐慶年以及職業經理人了。翔千心裏明白，即使自己一個星期、一個月甚至一年不來這兒，公司這部機器照樣會有條不紊地運轉。只是他已經養成習慣了，每天不去公司轉一轉，就會失魂落魄一般，心裏不踏實。

在翔千的辦公桌上，總整整齊齊地放着一疊旗下公司、基金會的報表或者報告之類的文件。雖說翔千在名義上依然擁有「一票否決」的權力，但他不可能管得那麼具體了，一個個下屬都做得好好的，自己再去插一槓子幹甚麼呢？

每天必須做的「功課」

在處理完公事之後，翔千總要戴上老花眼鏡，翻一翻當天的報紙。香港《文匯報》是必須看的，從中可以了解中央政府的一些政策。要在中國做生意——儘管香港不同於內地，實行「一國兩制」——這是必須做的「功課」。中國已經是世界第二大經濟體了，它的影響力就連美國人也不敢小覷。翔千也很喜歡看《明報》的社會新聞版，以及《信報》的經濟和評論版面。這幾份報紙看過之後，世界的、中國的、香港的政治經濟信息，也就瞭然於胸了。

這兩年，大兒子唐英年經常會來自己這兒坐一會，跟父親談點事情。

那一年競選香港特首，他功虧一簣，敗得真有點可惜。那天，翔千沒有去現場投票，他在熒屏前注視着兒子的一舉一動。在選票的結果公佈之後，歷來喜怒不形於色的翔千，眼神中不免有些許失落，可很快就控制住了自己的情緒。令他無比欣慰的是，兒子展現出了成熟而有風度的一面——唐英年微笑着握住梁振英的手，祝賀他當選香港特區第四任行政長官；在面對蜂擁而來的媒體記者時，唐英年表現十分得體，顯得坦誠而從容。

那天晚上，唐英年給父親打來了電話，從聲音裏不難聽出些許沮喪。翔千知道，這一年多來，兒子為競選香港特首付出了大量心血，作出了極為艱苦的努力。退出家族生意後，唐英年的從政之路一直比較順暢——二〇〇二年七月，他出任香港工商科技局局長，參與CEPA洽談和簽訂；二〇〇三年八月，升任香港財政司司長；二〇〇七年六月，被任命為香港政務司司長，成為僅次於特首的「二把手」——誰知這一次競選在最後時刻竟敗走麥城！

「英年，好好睡一覺，爸爸知道你好辛苦。爸爸只關照你一句，做不成特首，照樣能為香港出力，能為港人謀福祉。」

電話那頭，唐英年回答說：「爸爸，我明白，您放心吧！哦，媽媽在家嗎？我要和媽媽說幾句。」翔千把聽筒交給太太，然後踱到了旁邊的房間。他知道，這個電話沒有

01, 02 ── 唐翔千每天必須做的「功課」── 關注世界的政治經濟信息。

03 ── 選特首期間為唐英年站台

04 ── 唐翔千獲 2008 年度香港傑出工業家獎，由唐英年頒獎。

二三十分鐘掛不掉。在這個家裏，幾個子女都與母親親熱得很，嘮叨起來沒完沒了。

午後時光

上午的時間過得很快，一晃，就到吃午飯的時候了。

十二時半，秘書會把盒飯端到翔千面前。翔千在飲食方面向來很隨便，同事吃甚麼他也吃甚麼，一般是兩葷一素。有時候沒有湯湯水水，口乾舌燥噍不下飯，就喝口茶對付一下。

飯畢，翔千總要去洗手間漱漱口、洗洗臉。

大埔工廠區是幾十年前造的房子，那時翔千腿腳利索，還沒有上下樓的問題，所以把辦公室建在二樓，而把衛生間安排在底樓。現在歲數大起來了，這一級級台階就成了一道道坎。公司裏有人提出在二樓搞個洗手間，被翔千謝絕了。一則浪費錢財，二則可以逼着自己爬樓梯，上上下下雖然很辛苦，卻對身體有好處。

翔千本就不喜歡體育運動，他嫌游泳、跑步要花費時間。前些年，家裏人給他買了個跑步機，每天吃晚飯之前，他一邊在機器上跑步，一邊看電視新聞——一舉兩得，他才願意試一下。可堅持了沒多久，他還是放棄了這種鍛煉方式。

翔千有時也會在餐館裏吃午飯，那多半是上海、無錫、東莞或者其他地方熟悉的領導來香港了，抑或自己旗下公司或者基金會的同事來香港了，大家大老遠趕來看看自己，總得盡地主之誼請吃頓飯吧？年紀大了，晚上不能搞得太累了，翔千就把用餐的時間安排在中午，地點大都在香港島的中國會、賽馬會會所這些私密性很強的地方。

午睡，是翔千這些年養成的生活習慣，午睡的時間基本上是一小時。瞇上眼睛躺上一會兒，整個下午人就神清氣爽了。不過，既然人在江湖，總有身不由己的時候，如果因為應酬撈不到午休，翔千總要想辦法打個盹補回來。

午睡之後，再處理一些公務，時鐘就已經指向三點——該離廠回家了。

盼望着家人歡聚在一起

利用吃晚飯之前的這段時間，翔千隔三岔五會去康復治療中心，在醫生的指導下活動一下四肢，伸伸臂、彎彎腰、甩甩腿，設法延緩身體各方面機能的退化。有時，他也會去私人診所或者醫院，比如鬧牙周炎了，請牙醫用點藥消消炎、止止痛。

如果直接回到家裏，翔千會坐在椅子上看看書，反正椅子是可以摺疊的，看累了，就把椅子放平了，閉上眼睛歇一會。這時，他往往會想到孩兒們。每逢星期日，此刻正是家裏最熱鬧的時候，大兒子唐英年、小兒子唐慶年、女兒唐英敏一個個小家庭相聚在這兒，樓上樓下到處是歡聲笑語。遠在美國的第二個兒子唐聖年，總會在這個時候打來越洋電話，問候父母身體是否安康，順便和兄妹拉拉家常。翔千很享受這樣的時刻，每個星期都像小時候盼過年一樣期待這一天。

孩兒們通常在四點左右進門，個把鐘頭後外傭會端上蛋糕或者餛飩之類的點心，再吃些水果，到六點鐘就紛紛打道回府了。

有時候，唐慶年會提着大包小包的食材，興沖沖直奔廚房露上一手。唐慶年做得一手好菜，中菜西菜全然不在話下。對這個兒子，翔千其實是承擔了亦父亦師的角色，他很欣賞這個孩子，雖然言語不多，但心思縝密，善於學習，善於觀察。

根據中國傳統社會的家庭分工，「男主外女主內」，翔千以前很少過問子女的學習和生活，這些事情都是孩子媽媽一個人在操心。現在呆在家裏的時間多了，小輩們在自己心裏的份量變重了，腦海裏常常會浮現出他們小時候的音容笑貌。令翔千無比欣慰的是，儘管自己很少為孩兒們操心，但子子孫孫個個孝順。知道自己坐飛機買的票子是經濟艙，他們私下裏關照自己的秘書一定要買頭等艙，多次「討價還價」之後，雙方終於各退一步——坐商務艙。每一次打開大櫥，翔千也頗為感慨，滿櫥儘是他們買來的西服、內衣。無奈自己節儉慣了，新衣服總捨不得穿，換洗的儘是穿了多年的舊衣衫，有幾件已經褪顏色了，還是不捨得扔掉。

每晚六點鐘，是翔千看電視的時間。他喜歡看亞洲電視的本港台新聞，只要人在香港，這是必看的一檔節目。他喜歡躺在椅子上看電視，讓自己的全身鬆弛下來；或者躺在按摩椅上，享受機器按摩帶來的舒適感。

有滋有味的家常飯菜

翔千吃晚飯的時間是固定的：八點鐘。

對於三餐的安排，民間早就有「早飯吃得飽，午飯吃得好，晚飯吃得少」的說法，近年來則流行「早飯吃得像土豪，午飯吃得像貴族，晚飯吃得像乞丐」，其實說的都是一個意思：三餐要合理安排。

這些道理雖然不難理解，但真要做起來哪有那麼容易！晚飯是一家人相聚在一起的美好時光，有幾戶人家不是把好菜留在晚上？

翔千家也是一樣，幾十年養成的生活習慣，不是講一些道道就能夠改變的。

香港人的飲食文化，十分講究煲湯，「寧可食無菜，不可食無湯」，一日無湯，便如山西人不吃酸、四川人不吃辣一樣，周身不自在。煲湯的用料、火候、溫度、時間，全都馬虎不得。翔千家大多用南瓜煲湯，據說南瓜有清熱解毒、降低血糖的好處，加上無錫人喜歡吃甜的東西，南瓜煲湯帶有一點甜味。

清蒸魚是必不可少的一道主菜，香港島四周都是海域，所以翔千吃的基本上是海魚，鮮嫩美味。經常端上餐桌的還有洋葱燒牛肉、蟹粉獅子頭、蛤蜊燉蛋、清炒橄欖菜，等等。翔千的主食是白米飯，吃得不多，每頓半小碗。

太太唐尤淑圻總會在用餐前趕回家，陪着翔千一起吃晚飯。儘管是個「奔九」的人了，唐尤淑圻的身體好得出奇，「老態龍鍾」「步履蹣跚」這一類描寫老年人的詞彙，與她沒有「半毛錢」的關係，她精力旺盛，思維敏捷，坐如鐘，行如風。她身兼香港女童軍總會的副會長，日程表上的慈善公益活動一個連着一個。

05 —— 家人歡聚（2006 年）

06 —— 唐翔千夫婦與四名子女合照，攝於唐翔千 80 歲生日（2003 年）

07 —— 唐翔千與夫人唐尤淑圻合影

唐尤淑圻做慈善有個特點，有記者的地方她都不去。她不喜歡高調、張揚，卻總免不了被記者追蹤報道。作為上海慈善組織「愛心雅集」發起人之一，她牽頭設立了「愛心雅集」大重病救助專項基金。二〇一一年十一月二十一日晚上，「第四屆滬、港、澳、台、僑愛心雅集慈善晚會」在上海舉行，八十四歲的唐尤淑圻與莎莎化妝品老闆郭少明當眾表演國標桑巴。義演收入全部捐獻之外，唐尤淑圻再捐款三十萬元港幣，用於上海慈善事業。此事一時成為城中佳話，上海的主流報紙還刊登了唐尤淑圻跳桑巴舞的大幅照片。翔千看到報紙，曾開玩笑地對太太說，這麼多年，你的舞功還是不錯嘛！唐尤淑圻不由抱怨說，差遠了！當年，我在交通大學是學校裏的舞后呢！和你結婚幾十年，成天照料家裏、拉扯孩子，哪還有跳舞唱歌的閒心和功夫？

好在唐尤淑圻的抱怨已如過眼雲煙，現在她再也用不着為家務事費心勞神，可以隨心所欲地做自己喜歡的事情了。受丈夫影響，唐尤淑圻把大部分時間和精力都用在了公益與慈善上，每年捐贈的錢超過五十萬元。別人一句「唐媽媽」讓她十分受用，因為這個稱呼與唐英年有着千絲萬縷的聯繫——兒子很有出息，是個社會關注度很高的公眾人物。

太陽每天都是新的

晚飯後，與太太聊一會兒，翔千就去洗澡了。

浴室裏，外傭已經把晾乾的塑料墊子放好了——年紀大了就怕摔跤，一不小心滑倒在地便會生出無窮麻煩。

翔千是個好強的人，只要自己能做的事情就不願別人幫忙。所以，沖涼、擦背、搓洗，他都是一個人獨立完成。

沐浴完畢，翔千總要躺在睡椅上看半小時至一小時的電視。他的電視頻道是固定的，鎖定兩個台，看新聞是本港台，另外一個就是中央電視台十一套戲曲頻道，喜歡看的就是那幾齣京戲——《捉放曹》《甘露寺》《宇宙鋒》《白蛇傳》《穆桂英掛帥》……如果戲曲頻道沒有自己想看的節目，他就會打開錄像機看錄像，他的錄像帶也是清一色的傳統京劇曲目，有譚派、言派、馬派、麒派……

此時，是翔千一天中最快活的時光，他哼哼唱唱，自得其樂。

從企業前線退下來以後，空餘的時間多了，新的煩惱油然而生，翔千發現自己除了看看京劇之外，再也沒有甚麼愛好了。他很羡慕那些嗜牌如命的老人，四個好朋友相聚在一起，一百四十四隻麻將牌可以玩一個下午，有時甚至還要連帶晚上，有說有笑，玩得津津有味，而且今天玩過之後，明天還想接着玩，不會覺得膩味。這樣的晚年，不也充滿了樂趣嗎？

翔千也曾經想過，哪一天閒下來了，去世界各地走走，看看印度石窟神廟色彩斑斕的佛教塑像和繪畫，在馬爾代夫的小島上享受藍天白雲下的無敵海景，乘坐威尼斯尖舟遊覽世界上唯一看不到汽車的水城，在法國波爾多「六大名莊」細細品嚐拉菲、木桐、瑪歌……遺憾的是，這一切至今只是「想法」而已！過去，翔千整天忙得團團轉，一天恨不得有四十八個小時，心思全部都在工作上。別說世界名勝，即便內地的漓江山水、黃山雲海、鳳凰古城，也沒有盡興玩過。那時候總是想將來老了有時間了，一定要遊遍名山大川，了卻自己的心願。如今，時間有了，身體卻成問題了，腿腳不便了，外出時輪椅成了必備用品，如影隨形，「去世界各地走走」成了難以實現的一個夢想。

當然，翔千也想得十分明白：人生總有缺憾。世界上哪會有十全十美的人生呢？

就是在這種不無遺憾卻又十分平和的心境中，翔千躺到了床上——十點鐘了，該睡覺了。

年紀大了，身體的本錢大不如前，生活一定得有規律。「日出而作，日入而息。」古人的那些話，充滿了生活智慧。

翔千常常微笑着進入夢鄉，因為在他的心目中，人生是一種美好的體驗，太陽每天都是新的。

後記

人生的一場修行

寫這樣一部傳記，其實是人生的一場修行。

因為，我們面對的是一個具有博大胸懷的香港商業鉅子，以及一部跨越百年的中國民族工商業進化史。接到寫作任務是二〇一一年夏天，上海唐君遠教育基金會決定為唐翔千理事長撰寫一本反映這位商界奇人愛國、創業、重教的傳記。說實話，我們是忐忑的，因為我們擔心無法洞悉歷史大事件背後的波譎雲詭，無法揣度當事人內心的風雲變幻。但是，感念《滬港經濟》雜誌創始人的某種特殊情懷，感恩在他身邊工作兩年所賜予的諄諄教誨，我們遂責無旁貸地接受了使命，開始了歷經三年的口述實錄。

穿越百年，與時空對話的過程是艱辛的。這些年，我們在香港、上海、無錫、東莞等多座城市，走訪了數十位當事人，設法喚醒他們沉睡的記憶，希望能以最詳盡、最鮮活、最真實的史料和細節，還原唐翔千這位愛國實業家的傳奇人生。

一路走來，我們的心靈被一次次洗滌。

中國不乏文人，所以無論政權如何更迭、社會如何動盪，文脈猶存。但中國的商脈，或者說是商業精神卻鮮少有人提起，中國一直缺少商業文化。事實上，中國的商人與文人一樣歷經劫難。在我們採訪唐翔千本人的過程中，他多次和我們說起那些難以為外人道的心靈折磨，儘管說的時候波瀾不興，語調平和，如同一個局外人，但是聽者卻能感受到老人曾經歷過的驚濤駭浪，背後直冒冷汗：他是怎麼闖過來的？

其實，中國並不缺少商業精神，中國的商業傳統也一直在支撐着社會的發展和延續。不幸的是，即使古時有陶朱公的《商訓》，近代有張謇、徐潤、盛宣懷的「實業救國」，他們都未能成為歷史的主角。這是因為，雖然無人否認我們身處商業社會，人們一方面重商言利，錙銖必較，一方面卻追求「精神潔癖」——在很長一段時期內，從商都被視為讀書為官之外的無奈之舉。在此，國人的思維是分裂的。商業精神的啟蒙以及重新梳理中國商脈，也是我們這代人不可推卸的責任。

商業精神離不開孕育其生長、發育的土壤。我們不得不承認，是香港造就了這位商業天才。香港的商業文明是西方現代企業制度與東方古老商業倫理結合的產物，香港商業肌體中中西兩股血脈既相互博弈又相互交融，推動着商業文明的演進。百多年來，一些行業日薄西山，一些行業風華正茂——其中沉澱了太多的故事。沒有永遠的繁榮，也不存在永久的蕭條，商業成敗的秘密蘊藏其中。在這部書中，除了唐翔千，還有一大群香港實業家的身影，如周文軒、安子介、包玉剛、陸增祺等，我們試圖探尋一代香港企業家的經營理念和運營方式經歷了怎樣的變化，試圖展現香港商業環境對企業興衰產生了怎樣的影響，試圖表明香港人之所以能在逆境中挺起胸膛讓東方之珠大放異彩，正是因為他們以百折不回之精神上下求索，改變了身邊的大千世界。

在這部書裏，我們真正想讓讀者窺見的，是唐翔千這位商業鉅子的成長基因及精神素質是怎麼形成的，從而試圖將其放在一個更為久長、更為寬廣的歷史維度中進行審視。他那種強烈的家國情結、以人為本的情懷、對儒家文化的癡迷，究竟是這一代人特有的氣質，還是有其更為深刻的人文原因？

一個更具穿透力的問題是，在百年中國商業史上，這位香港企業家到底扮演了一個怎樣的角色？

回看射鵰處，千里暮雲平。

作為著者，我們有幸穿越百年風塵，與智者對話。這本書得以付梓，要感謝的人實在太多。感謝上海唐君遠教育基金會會長王生洪先生，他是此書緣起人，二〇一一年的一天，這位上海市統戰部原部長、復旦大學原校長把我們請去，在長樂路的上海唐君遠教育基金會，王生洪的一番話出自肺腑：「唐翔千先生是從上海走出的香港商界鉅子，他的一生是民族工業家實業興國的寫照，作為上海唐君遠教育基金會，將唐先生的傳奇人生、他辦實業、辦教育的理念發揚光大，成為後世楷模，是當仁不讓的一件大事。」

那天，確定了要為唐翔千立傳著書，這個想法也得到了唐翔千本人的認可。在接下來的三年，我們的採訪得到了基金會、唐翔千本人以及家屬莫大的支持。基金會諸位領導一路指點，釐清思路，提煉主題，還動員基金會全班人馬聯絡採訪對象，搜集了一百多萬字的文字資料、錄音資料。唐翔千雖年屆九旬，但對我們的工作十分關心，在上海松江的美維電子，唐翔千與我們一次次推心置腹的訪談，而我們的文稿，他都看得十分認真，地名或者時間有出入的地方，他會一一提出修改意見。在得到唐翔千認可後，第一時間在《滬港經濟》上連載，獲得了唐翔千以及唐氏家族的讚許。

感謝唐尤淑圻、唐英年、唐慶年、唐新璎、唐齊千、趙定玉、馬韞芳、方祖蔭、劉述峰、曾紅、張人堯、陸增祺、雷煥文、潘祥根、趙靜、張秋菊、朱德福、蔣凌棫、徐劍雄、賈文濤、朱雪華、黃國豪、周民堅、李錦英、陳家裕等先生和女士，是他們不厭其煩地接受了我們一次又一次採訪，得以在不斷追問下還原真相。

責任編輯—— 沈怡菁

書籍設計—— 陳曦成

書名—— 唐翔千傳

著者—— 蔣小馨、唐曄

出版—— 三聯書店（香港）有限公司
香港北角英皇道 499 號北角工業大廈 20 樓
Joint Publishing (H.K.) Co., Ltd.
20/F., North Point Industrial Building,
499 King's Road, North Point, Hong Kong

發行—— 香港聯合書刊物流有限公司
香港新界大埔汀麗路 36 號 3 字樓

印刷—— 中華商務彩色印刷有限公司
香港新界大埔汀麗路 36 號 14 字樓

版次—— 2014 年 12 月香港第一版第一次印刷

規格—— 大 32 開（140mm × 200mm）394 面

國際書號—— ISBN 978-962-04-3669-7